你不用

混職場

裝孫子

呂子杰——著

推薦序一

你有聽過黑色隧道嗎？104人力銀行創辦人楊基寬先生曾經在網路上撰寫了一篇文章，裡頭提到了一個神祕又貼切的概念：「黑色隧道」。

「所謂黑色隧道指的是，在職場上所有會讓你感覺不舒服的現象。這些職場現象陸續出現在你的職涯中來折磨你，我把它稱做『黑色隧道』。裡面潮濕陰暗讓人很不舒服。這個隧道的長度大概有十年之長，它的計算方式是從踏入完全陌生的職場第一天起。」

在職場的這個黑色隧道中，人們會碰到各式各樣的煩惱與碰撞，關於利益的碰撞、思維的碰撞、價值觀的碰撞、立場的碰撞……不勝枚數，而人也總得花費大半輩子每天每天的去面對它，不禁想，要是有本教戰手冊就好了！不僅要有簡單明瞭、隨讀隨用的訣竅列表，甚至包含可以直接告訴我如何思維的「心經」就更好了。而，本書剛好有那麼一點符合我們的需要。

本書很有結構性，以初、中、高次序將內容分成四個大章節，提供讀者如何在四種最大宗的職場煩惱類型中，更得心應手地應對的想法及訣竅。從剛入社會的菜鳥如何轉變成一名「熟成職場新鮮人」，到累積一段時間成為他人主管時該怎麼駕輕就熟地「管理不用裝孫子」；對於人生方向及決策感到迷茫時，如何在「人生職場奮鬥公司」做出下一階段的選擇；最後，避免不了「當災難突來的時候」，我們該如

何問題解決式地漂亮渡過難關。（值得一提的是，本書作者用目前全世界都被席捲的新冠病毒作為主題撰寫。）

除了一、二、四章提供了幾乎可稱之為「精華」的、實用易讀的許多職場思維訣竅之外，「人生職場奮鬥公司」中，讓我更感受到此本書內涵的重量。子杰在本章節中擔任職場奮鬥公司的營運長，幽默地提供各式各樣來自職場匿名人士來信發問的煩惱解答。其中有一個小章節，來信者簡潔但深刻地訴說著80%日常職場工作者內心都會有的煩惱：「每天都只有工作，生活多沒有意義？賺的錢不夠買輛車更不要說房子，所有時間又被綁死死，這樣的生活難道就是我要的？」子杰有趣地用老闆的角度直接改寫了來信者訴說的煩惱，「我也想要到海邊漫步、我也想徹夜狂歡，我也想抓住我的青春小尾巴，雖然身體超重的我卻怎麼也奔不起來。」於輕鬆幽默後卻也隨即帶出真正想傳達的想法：「看來你我的問題並不在與角色、身分或是職務的差異，而是在於什麼時候我們可以學會接受，接受這就是生活。」

簡單而明瞭的一句話其實已點出了新的思維出口，也許做自己喜歡的事、過自己喜歡的生活在想像中是非常完美的，但現實生活中不可否認，99%的人可能都無法完全做到（除非你剛好是那1%一出社會就幸運找到自己想做的事、又有著能完全無後顧之憂過著自己想過的生活的神選之人），那不如就接受職場畢竟是生活的一部分：「接受了以後我們才會開始發現躲在這個生活角落中的幸福與樂趣。」

回到楊先生說的黑色隧道，「我們大概要花十年的時間才可幾乎經歷過這些職場百態，十年後這些職場現象只不過是不斷再重複而已。」「在我們進入職場的前十年主要任務是去創造下半輩子永不為職場困擾的實力與成熟度。這個十年就是讓自己從價值低的礦石焠煉成一克拉鑽石的黑色隧道。那些從歷練的角度看事情而從黑色隧道順利走出來的人，他會找到自己的真正價值，他會是愛因斯坦所說的那個人：不要試著尋找成功，試著尋找自己的意義。」

　　認識子杰十幾年的時間，一個永遠不會因為年紀而失去夢想的人，書中所談的是他在經歷過職涯不同階段的抉擇與滿滿的體悟，不管是成功或失敗，高峰或低谷，而其中的某些故事片段，我更參與其中，更有深層的共鳴與感觸，身為步入職涯發展中後期的我，衷心期待閱讀完此書的您，對「混職場」這件事會有更截然不同的感受。

花梓馨

104人力銀行・資深副總經理

推薦序二

　　跟子杰認識是在104人力銀行擔任專職顧問的那階段，如果沒記錯，那時候的他是在楊基寬董事長辦公室擔任特助，負責推動跟集團未來發展有關的新專案；那時候的他就是一個胸懷大志，憂國憂民的性情中人，所以我們一拍即合！

　　後來為了實踐自己的理想，我倆前後陸續離職，各奔前程；當時就知道他決定去對岸中國大陸創業，這一去就過了十多年，期間雖然我們不常見面，但每次見面就像兄弟般的熱絡與關心彼此，而且就像他書中所提到的創業過程，從來就不是一件容易的事，知道他經歷過許多的低潮與危機，但都在堅持下一一渡過，沒想到去年我也步上了創業這條路，他當然就成了我最好的諮詢顧問。

　　拿到這份熱騰騰的原稿，愈讀愈上癮，有種想一口氣、不眠不休把它念完的衝動！書中從當個職場菜鳥，想成為一個好主管，到為了實現夢想而創業的人，子杰把三個職場上最需要找人諮詢、輔導的角色，用一種類似FAQ參考手冊的概念，讓讀者可以直接找到所面臨的議題，每一主題僅用3～6個關鍵撇步，就掌握了80%以上的重點；更棒的是皆輔以作者親身經歷或海峽兩岸眾所皆知的實際案例，不談艱深理論與大道理，讓讀者讀完每一篇文章時，能有一種「喔，原來如此！」的讚嘆。

更讓我驚訝的是，書中已將剛發生且正在發生的新冠病毒，造成全世界政府、企業組織、團隊領導及每個個人該如何因應寫在這本書中；這樣的危機，過去有、現在正在發生，未來更將成為常態，所以（真心期待）也許疫情會在短中期退去，但危機的發生是無時無刻不存在的，趕快翻開第四篇來看看吧！

坦白說，才看幾篇，就讓我趕緊做筆記，覺得太好用了；例如：

- 在今天每個人都想成為多工Multitasking，提高效率，您有聽過時間管理的重要方法——番茄時鐘法嗎？
- 您知道碰到組織刺蝟，一味地包容是救不了的（提醒了自己過去可能的盲點）？
- 經歷高級人生迷惘師的階段，是通往成就的必經之路……（觸動起自己也曾經歷過這個階段）。
- 12招教你學會高效在家辦公的工作指南！

雖然自己也在準備出書的歷程，但讀完子杰的新書，真的不得不打從心底佩服他的文字底蘊，實在比我強上數百、數千倍！不信，歡迎大家拿起書來品嘗一下，您就懂得我說的了！

所以這本《混職場你不用裝孫子》，可說是買來收藏能歷久又彌新呀，真值得大力推薦！

朱建平

八方整合社企創辦人

雲朗觀光集團前人資總監

自序

　　為了幫這本書找推薦，我去問了Joyce。問我能不能這樣介紹他──「被呂老師罵到臭頭並開除的前員工」。結果Joyce開始跟我討價還價。

　　那能不能這樣寫：「被呂老師罵到臭頭並開除的同時也是呂老師最得力的下屬之一的前員工。」我說「這不是事實不能亂寫」。

　　那這樣呢？「被呂老師罵到臭頭並開除的同時也是呂老闆最認真的下屬之一的前員工？」「差更多」。

　　那，「被呂老師罵到臭頭並開除的同時也是呂老闆最懂事的下屬的前員工。」「完全顛倒黑白。」

　　Joyce是我20多年前的員工，當時我剛擔任一個獨立部門的負責人，有很多想法，個性也強勢。Joyce做為新人什麼都不服，不斷與我衝撞，所以後來就發生很多衝突，那時候我也沒有經驗和處理技巧，最後很可惜的是以她離職作為收場。

　　在很多年以後我又碰到了Joyce，這時候她已經是一家新加坡公司在上海的實際負責人，是一位很優異的管理者。她後來對我說，等她自己擔任管理者以後發現很多事情當年我都是對的。

　　不過回想當年，應該也有很多是我自己沒做好才造成了遺憾，不能留住優秀的員工。

有多少的職場新人在剛進入職場的時候因為迷茫不知所措所以失去自己的機會？又有多少的新任管理者面對各式各樣夥伴的時候進退失據導致損失了最佳團隊協力發展的契機？事實上有問題的不只是職場新人，職場老手也同樣會面對這些危機──職場的中年危機！

　　這就是為什麼我想寫這本書的目的。這本書集結這幾年我幫忙諮詢與解決職場問題的分享。希望能幫每位職場中的新人和老人還有新任的管理者去解決他們的問題與疑惑。讓他們可以更快的在職場中成長與成熟，能夠找到自己的成功、成就與快樂。

呂子恵

目錄

///// 第一篇　　熟成職場新鮮人

＼＼＼ 第二篇　管理不用裝孫子

\\\\\\ 第三篇　**人生職場奮鬥公司**

＼＼＼＼ 第四篇　當災難突來的時候

第 一 篇

熟成職場
新鮮人

寫給剛踏入職場與思考要不要創業的夥伴

1

1.01
你適合創業嗎？

有個朋友問我自己適合創業嗎？這是好個問題！

創業失敗50%的原因是因為創業者不具備創業的能力或是特質。

什麼是創業者的能力與特質呢？通常不是專業能力！

高成功機率的創業者通常具備下列幾個能力與特質。

一、高抗壓的能力

創業是一個與壓力奮鬥的過程。多數的創業者在成功之前會持續的處在高度壓力狀態下。壓力的來源除了成功的不確定性以外，階段性的挫折、資金的壓力、生活的壓力等等都會持續圍繞在創業者的身邊。如果沒有高抗壓的能力，遇到壓力就退縮或是質疑自己的選擇，那麼是不可能成為成功的創業者。

二、明確的方向感

創業是一個在茫茫大海中探險前行的過程，沒有地圖沒有指南針甚至沒有時間（沒有人可以告訴你還要多久才能成功）。如果沒有明確的方向感多數的創業者就會失敗。那什麼是明確的方向感呢？就是一個成功的創業者永遠知道下一

步在哪裡和下一步是什麼！這個下一步是對的嗎？能帶領走向成功嗎？坦白說，包含創業者自己在內沒有人知道！很有可能是錯的！但是一個創業者必須要有不論對錯隨時都清楚知道並且準備好自己的下一步。因為最蠢的事情就是卡在那個地方不知道要做什麼！對與錯都要試了才知道！

三、時間的緊迫感

通常一個高成功機率的創業者會時刻存在焦慮感的！這種焦慮往往呈現在時間的緊迫感上面！成功的創業者對時間的流逝往往顯得焦躁不安。事實上是因為隨著時間的流逝愈多，創業的成功機率就會越低！主要的原因通常是來自於資源與時機往往會隨著時間消逝而變小！因此高成功機率的創業者會有時間緊迫感並且不斷鞭策自己的速度與行動。

四、積極的思維與動力

面對模糊不清的狀態，多數的人會停滯不前，但是成功的創業者不會。成功的創業者會不斷的思考與釐清。創業者會不斷尋找各種可能的機會。會有挫折的時候，但是成功的創業者總是能更快的樂觀起來。成功創業者的大腦就是一個小太陽，不斷的湧出熱情、希望、想法。成功的創業者不會說不知道，他會說我來想辦法！你可以在成功的創業者身上感受到一股對成功的強烈渴望。一天24小時都不間斷在思考著問題與方法，在想著如何前行！

五、反思與調整的能力

　　成功的創業者通常擁有的最後一個成功的特質與能力就是反思與調整。他們會承認自己不夠好，他們會不斷發現與調整自己的行為。不斷要求自己成長與改變，不斷地讓自己變得更強大。而不是抱怨，或者歸咎於別人。不會永遠都是別人的問題。抱怨或是拒絕承認自己的問題只會讓你成為失敗的創業者。

　　看完著五個能力以後，想要創業的人就要問問自己：「我具備了成功創業者的特質與能力嗎？」

1.02
為什麼溝通都沒有效果？

　　前兩天請一個夥伴去和廠商談一個產品的市場可行性。夥伴回來後請夥伴聊聊他的結論。夥伴說不知道，廠商的產品現場沒有辦法展示，而且也不可能談一次就能做出判斷，所以也不知道要和我說什麼。

　　這就是許多職場工作者的現況，我們每天都花很多時間和人溝通，但是沒有任何收穫也無法對工作有幫助。很多時候這種問題的產生是因為兩個人的對話根本不是溝通，只是單向的不斷在思考訊息的傳遞。

　　要解決這樣的問題有四個可以協助改善的技巧。

一、溝通前的準備

　　每一場溝通都是需要準備的。溝通前你先要思考本次溝通的主題，期待的收穫與結果，如果需要這樣的結果你需要在溝通中掌握哪些關鍵訊息與提出什麼問題？這幾個問題如果沒有事先想清楚，溝通一定會是一場災難。當然除了上述問題以外，對溝通時間、環境的選擇也很重要。清楚的知道自己有多少時間，選擇不容易被干擾的環境也是很重要的。

二、溝通中的整理與推動

溝通中的整理包括，在溝通一開始的時候雙方應該先確認本次溝通的重點與核心議題，然後才開始進行溝通。同時隨著雙方訊息的交流，你必須要隨時整理評估所獲得的訊息與原來期望是否一致，並且根據這個現況不斷的聚焦溝通內容，或者調整溝通的結構與方向。

同時也要在溝通的過程中判斷對方的溝通狀態，維持住雙方溝通的興趣與意願，並且適時的給予反饋。

三、溝通最後的結論

我常說的一句話是，溝通可以沒有結果但是不能沒有結論。有的時候我們不容易透過一次的溝通就能夠達成共識。許多的結果都是要透過多次的折衝才能夠達成的。所以溝通可以沒有結果，但是溝通不能沒有結論。結論是什麼，結論是這次溝通結束的時候雙方一致的共識與認知，還有就是關於推動結果接下來的具體步驟與方法。如果溝通結論都沒有，那所投入的時間就是真的浪費了。

四、專注傾聽

　　傾聽是個常談的話題，大家都知道但是都不容易做到。原因是我們會習慣花更多的時間去思考我接下來要說些什麼。但是請記得，單純的表達立場對溝通的結果幫助的效益是有限的。一場成功的溝通更多的是清楚對方的立場並在這個基礎上找到對方能接受的答案。因此關鍵不再我想說什麼而是對方能夠聽什麼。而也只有透過專注傾聽才有機會達成這樣的目的。

　　掌握了這些技巧，才真正幫助你能夠在職場中的每一次溝通取得最佳的成績。

提升時間運用效率的三大絕招

　　每次我在和經理人對話的時候，多數的經理人總有一個共同的焦慮：時間不夠用！

　　面對每天無窮盡的工作，管理者的時間不斷被碎片化、被干擾、被消耗。只能投入更多的時間工作，然後到最後身心俱疲。

　　因此我想要分享如何能提升時間運用效率的三個絕招：

　　一、時間矩陣（常見誤區：焦點不在工作順序，而在工作管理）。

　　二、急診室法則。

　　三、番茄時鐘。

一、時間矩陣

　　先談第一個絕招：時間矩陣。多數的經理都懂時間矩陣，但是卻都有一個同樣的困惑——很難感受到時間矩陣對時間管理的幫助。很正常，因為我們都錯用時間矩陣。一般最常見的偏差在於認為時間矩陣在排序工作的順序。

　　事實上，時間矩陣只是告訴你四種型態的工作比重狀態。任何的經理都會有這四種型態的工作：重要緊急、緊急不重要，重要不緊急、不緊急不重要。但是時間矩陣的核心並不是在教你排序這些工作。

時間矩陣想告訴你的如下：

1. 對經理而言，最重要的工作是重要不緊急的工作。誰能把重要不緊急的工作在這四種工作中的比重拉的越高，就越有機會創造出最大的成就。因為只有重要與不緊急的工作才能讓經理專注發揮自己最大的價值。

2. 想要拉大重要不緊急工作比重的最核心方法，就是儘量消滅或是減少緊急不重要的工作。通常最佳的手段就是授權。把所有緊急不重要的工作透過授權讓其他人去做。這樣馬上你就會多出了大量的時間去處理重要不緊急的工作。

3. 通常經理們不敢授權的原因是擔心下面的人做不好這些工作。但是因為不重要，所以有人做總比沒人做還要好一些。而且因為緊急，至少安排了人去處理。所以經理完全不用去擔心這些事情做不好怎麼辦。讓部屬從緊急不重要的工作開始歷練是一種特別好的方法。

4. 只要能跨出這一步（緊急不重要的工作授權他人去做），你就可以投入大量的時間在重要不緊急的工作上，然後你會慢慢的發現，緊急重要的工作比重也會因此慢慢的下降，進入到正循環的過程。

5. 當然，除此之外，不緊急不重要的事情不要做也是種方法，但是因為多數的經理人都已經清楚所以就不再贅述。

	緊急	不緊急
重要	39%	17%
不重要	32%	12%

低效能工作者

	緊急	不緊急
重要	19%	55%
不重要	21%	5%

高效能工作者

二、急診室法則

提升時間運用效率的第二個絕招是急診室的時間分配法則。

事實上急診室的時間分配法則才是真正拿來做工作安排順序的原則。

為什麼會這樣說，因為從經理人在時間管理上的主要困擾來看，有一個特別嚴重的干擾就是在無準備下的意外工作干擾。而全世界擁有處理這種意外干擾最佳實踐經驗的就是急診室醫師。因為在急診室中你永遠不知道下一個患者甚麼時候會到，會是什麼樣的類型。

如果去過急診室看病就會發現，急診室的就診往往不是按照先來後到的順序。通常到急診室看病和門診不一樣的地方是在，急診室中護士會先做一個動作叫做檢傷，簡單的說就是評估你有多嚴重，然後按照檢傷級別幫你掛個手環。醫生是按照嚴重性來決定看診順序的。

在急診室中一般的病人會有幾種分類：

1. 瀕死（即將死亡的病人）

2. 不斷惡化且有死亡風險（如果沒有介入在30分鐘內可能死亡的病人）

3. 不斷惡化但是沒有死亡風險（雖然狀況還在惡化中，但是估計在30分鐘內不至於死亡）。

4. 相對穩定。

　　急診室醫生的工作順序就是從級別最高的瀕死病患開始先處理。但是注意，醫生不一定會一次處理完成，通常如果有多個病患，醫生會處理到這個病人的級別下降到較低的程度後會暫時中止，然後先去處理另一個級別較高的病人。

　　借用這樣的概念所引申出來的急診室法則包含下列幾點：

1. 所有工作進來先進行分類：

　　A級絕對優先。

　　B級相對優先。

　　C級優先。

　　D級一般。

2. 分級的標準建議為：

　　A級3個小時內沒有完成即會產生對績效的重大影響。

　　B級24小時內沒有完成即會產生對績效影響。

　　C級72小時內沒有完成即會產生對績效影響。

　　D級72小時內沒有完成也不會對績效產生影響。

　　（分級標準可以根據個人工作特性自行調整）

3. 一次只做一件事。

4. 先從級別較高的工作開始做起。

5. 根據工作進展，每隔一段時間（約25分鐘，番茄時鐘法則）重新評估工作級別。

6. 只要根據評估的結果有更高級級別的工作或者手中工作的重要性已經降低一個級別，則調整手中的工作去處理更高級別的工作。

7. 相同級別的工作需要排序相對重要性。

三、番茄時鐘

第三個時間管理的重要方法則是番茄時鐘。

多數經理人在工作中一種常見的干擾就是不斷的被打斷。每一次的被打斷都會造成時間的浪費。因為當一通電話、短信、談話打斷了工作，就算是只有中斷一分鐘，對經理人而言可能都需要花費十分鐘以上的時間來回復。

番茄時鐘只有幾個原則：

1. 以每25分鐘為一個單位。

2. 在單位時間內專注進行一件事。

3. 在單位時間內拒絕一切的干擾（包含電話、微信、郵件、談話）。

4. 單位時間結束以後才統一處理回電、Line等。

5. 每個單位時間結束以後給自己一點小小的休息。

你會問，不接電話可以嗎？放心，大多數的時候事情都不會緊急到一通電話不接就會死的，而且真正重要緊急的電話我相信他會打第二次或是第三次，這時候你就可以接了！

1.04

海底撈，
你給我的是同理還是同情？

　　海底撈的服務不論在人員的態度還是服務的創新上，一直都是在業內值得學習的典範。前段時間剛好一個人晚餐，因為旁邊就是海底撈，所以就進去體驗了一次海底撈的傳奇服務。

　　用嚴格的標準來說，海底撈的服務是無可話說的並值得稱讚。從進門接待的態度、到座位指引、點餐解說、桌邊小道具、用餐過程的關心與問候都展現出了海底撈式的服務精神與價值。

　　但是唯一的一個問題出現在一隻小熊。沒錯就是一隻小熊。那只傳說中的小熊。

海底撈的特色服務之一，當你一個人用餐的時候為了怕你孤單無聊，所以會安排只小熊坐在你的對面，陪你一起用餐。

出發點是好的，貼心、有創意、展現出濃濃的同理心！

但是不知怎麼的，當一隻小熊坐在我的對面時候，突然間一股淡淡的憂傷湧上心頭，然後就越吃越悲傷了。最後很快的決定結束用餐，帶著一絲哀傷與憂鬱的走出了海底撈。

問題出在哪裡呢？問題就出在「同理心」三個字上。

很多時候我們很願意展現我們的同理心，因為同理他人讓我們更有溫度。而同理心的要求與應用也是我們打動客戶的重要手段。當我們覺得「你瞭解我」的時候，這種認同感會驅使我們更願意接受不同型態的業務與服務。「同理心」讓我們與客戶產生情感的連結，成為親密的夥伴。

但是什麼方式才能表達「同理心」呢？

很多人以為站在對方的角度思考，模擬對方內在的感知，並且進行疏導與補強措施就是同理心的展現。

這也是海底撈小熊的由來。因為是一個人到海底撈用餐，相對其他各桌都是一群人比起來相對孤單。所以為了不讓你孤單我安排一個小熊坐在對面陪你。

這樣效果好嗎？其實很多人應該還喜歡的，尤其對年輕的夥伴來說。有特色、不一樣很有趣。

但是我們先不說一個人用餐是不是會真的很孤單（因為有些時候你是想要獨處的）。但是在那麼喧鬧中的環境，別人都是一群人很熱鬧，而我只有一隻不會講話的小熊安靜的坐在我的對面、本來還不覺得孤單的，現在都開始覺得自己

可憐與孤單了。

同理心並不是硬要告訴你，我瞭解你！同理心是要告訴你，我知道你是一個人但是我必須承認我不知道你是否孤單。所有自以為瞭解他人並強加給他人的都有可能變成同情心而非同理心。我唯一知道的是我不知道你的感受！

所以當一個小孩考試沒有考好，你為了安慰他在他耳邊說：「我當年也沒考好，現在不是也沒事，所以你不要擔心，我理解你！」這些話語其實都是傳遞同情心而非同理心。因為在這段話的背後所傳遞的訊息是：「你看我當年沒考好也沒像你這樣，你現在考差就變這樣真是不如我呀！」

同理心的展現除非他想講話，否則你就在旁邊安靜陪伴就好了。如果他也不想你的陪伴你就讓他獨處。同理心是展現理解性的對應行為，而非強制性的給予。

所以真的要展現同理心，建議採取下列四個步驟：

1. 相同的情緒去互動（對方有笑容你就有笑容，對方嚴肅你也要跟著嚴肅）。

2. 探索對方的期待（根據對方狀態簡單詢問，你希望一個人嗎？還是你想要熱鬧一點？如果我放一隻小熊在這你會喜歡嗎？）注意這個過程不能太複雜或是時間太長，你需要快速的抓到重點以免讓人反感，需要根據1.的觀察來調整。

3. 給予對方選擇權，決定你的同理行為（根據對方的選擇來決定你的後續行為而非強迫性的選擇）。

4. 根據對方反應主動調整自我的對應行為（當對方希望熱鬧一點或許你可以安排人多的區域用餐，過程也可以多走過去聊聊天。當對方需要獨處，你就讓他安靜）。

　　有些時候好的同理心，是在對方掉眼淚的時候默默地送上一張紙巾，並且陪伴。而非一直詢問或是安慰。

　　記得一次在家知名的餐廳用餐，最讓我印象深刻的事情是，當點完餐以後同行的朋友就到外面去打電話了，而且一講就是一個多小時。這個過程中我坐在餐桌前面，本來還擔心等一下菜來了如果涼了怎麼辦？猶豫著要不要交代服務員先不要做菜。不過因為服務員一直沒有走過來所以也就沒有機會交代。但是後來等了一個小時竟然連半道菜也沒有上。等到一個小時後朋友講完電話坐回到餐桌時，正想要找服務員針對他們的怠慢發脾氣時，第一道菜就上了。留下的是我滿臉的錯愕。原來服務員雖然沒走過來，但在這一小時中卻不斷地觀察我們的狀態，所以才能及時的提供完美的服務。

　　所以當你要展現你的同理心時，想清楚給的是同理還是同情！

VUCA來了，上班族不變就等死！
26個方法幫助你活下去！

　　VUCA來了，對每個企業與每個職業經理人都造成極大的壓力！

　　你準備好應變了嗎？

　　2019年4月，甲骨文裁員1,400人！20年的老員工，30分鐘被掃地出門！

　　2019年4月，化工巨頭3M因業績下滑，宣布裁員2,000人。

　　2019年5月，西門子公司表示約在部門調整中裁員約10,000人。

　　2019年12月，遠東航空無預警停飛。

　　2020年3月，台中亞緻酒店決定停止營業，資遣全部200位員工。

　　中華映管宣布破產，幾乎全體員工失業。

　　中國知名電商京東據說正在進行大規模組織調整，影響超過12,000人。

　　網易傳聞針對30～40%人力進行組織結構調整。

　　其他包含知呼、滴滴、新東方等知名企業也有不同的組織調整訊息在流傳！

　　但這波的調整風危機僅止於是景氣不好嗎？或是新冠病毒嗎？好像也不是。

曾經紅極一時的企業例如燦星網易手了、OFO、通用汽車、美斯特邦威、俏江南、樂視等倒下的、慘澹經營的也如繁星般地數不盡。

為什麼？因為VUCA時代來了！

VUCA指的是一種不確定的年代，最早是一個戰略性的術語，後來被寶僑公司（Procter & Gamble）首席運營官羅伯特·麥克唐納（Robert McDonald）借來描述一種新的商業世界格局：「這是一個VUCA的世界。」VUCA指的是不穩定（volatile）、不確定（uncertain）、複雜（complex）、模糊（ambiguous）。

因為VUCA時代的來臨，企業所面臨的經營挑戰就越來越嚴苛。當企業生存都有難度的時候最直接的影響就是上班族了。你想要從一而終的夢想也越來越難達成。

如何能在VUCA的年代成為脫穎而出的人才，根據我們觀察，許多在VUCA年代傑出的領導者，例如台積電的張忠謀、網路家庭的詹宏志、美團網的王興、滴滴打車的程維、小米的雷軍、微信的張小龍、前長榮航空的張國瑋（現在是星宇航空的老闆）等數十位代表人物身上學習，我們總結出了以下幾個在VUCA時代不能或缺的能力。

通常在這些領導者身上你可以看到的能力包含以下這六個：

1. 好奇心（對所有新的事物都具備有強烈的好奇心）；

2. 洞察力（能夠預見先機的能力）；

3. 廣泛訊息（廣泛接受訊息的能力）；

4. 快速學習（快速的掌握一門技術或是學問的能力）；

5. 適變能力（適應變化的能力）；

6. 管理魄力（面對不同的意見與挑戰能夠堅持到底的能力）。

但是對於一般上班族的我們又要如何才能具備這些能力呢？

或許可以從下列幾個關鍵的行為或是習慣來著手。

一、關於好奇心的養成

方法1. 對於新的事物不是一掃而過，而是有興趣追根究柢。

方法2. 習慣提問：為什麼、是什麼、有什麼不一樣？

方法3. 就算是不同領域的事物也要問自己在我的領域中有機會應用嗎？

方法4. 喜歡聽別人的聲音大過於說自己的想法。

二、關於洞察力的養成

方法5. 養成注意細節的習慣。

方法6. 每天練習在每個習以為常的事物找到新的觀點或是發現。

方法7. 對每個新的變化總是習慣自己去找為什麼會如此的答案。

方法8. 習慣對事物的發展進行預判、尋找趨勢（日後再來檢驗或是驗證）。

方法9. 能夠對於事物的發展提出自己的假設或是觀點。

三、關於廣泛訊息的搜集

方法10. 習慣大量閱讀新的事物訊息資訊（先求多廣再求深遠）；

方法11. 盡量讓自己多涉獵許多不同的領域知識吸收；

方法12. 聆聽不同觀點的意見討論或是表達；

方法13. 創造自己和不同領域人士接觸的機會。

四、關於快速學習能力的提升

方法14. 針對所想要學習的主題先大量的搜集與閱讀相關的訊息。

方法15. 將所閱讀的訊息進行分類與邏輯整理，形成自己的知識體系。

方法16. 提煉出自己所不明白的三個關鍵問題。

方法17. 去尋求不同的人或是有專業的人三個關鍵問題的答案（要多問幾個）。

方法18. 將答案進行梳理並形成自己的總結。

五、對於適應變化能力的提升

方法19. 與其等著別人告訴你怎麼變不如自己先提出關於變的想法；

方法20.每週都要讓自己在工作上有些些的不同;

方法21.對於變化要習慣與喜歡而不是抗拒或是排拒;

方法22.當有變化的機會時,要主動爭取推動變化的機
會。

六、管理魄力

方法23.面對領導不同的意見,要懂得用不同的方法堅
持。

方法24.重要的觀點差異要嘗試說服領導三次(在不同的
時機和用不同的方法)。

方法25.能夠巧妙的判斷不同人的性格差異,並且調整溝
通方式與手段。

方法26.用自己的熱情與執著感染你的團隊,形成團隊的
共識。

學習面對VUCA時代是每個管理者的課題,或許VUCA也正是最佳的讓優秀的你脫穎而出的機會!

1.06
還在擔心老闆討厭你嗎？
這七件事情做完以後就不怕了！

很多人在職場中最大的恐懼就是得不到老闆的喜愛。有些時候很多人甚至發現自己莫名其妙就得罪了老闆，被老闆疏遠。職場中如果被老闆討厭，那麼說好的加薪與升遷往往會如浮雲般的與自己擦身而過。

因此在職場工作一定要知道如何才能得到老闆更多的喜愛。不要以為把本職工作做好就能得到老闆的喜愛，這是不夠的。坦白說，要得到老闆的喜愛也不難。教你七件事，只要你做到了，一定可以讓自己被老闆非常的喜歡。

一、老闆想要的優先做；

二、老闆焦慮的馬上做；

三、團隊的工作主動做；

四、沒人願意的肯去做；

五、人前顧面子，人後顧感受；

六、跟前多讚美、少抱怨；

七、工作狀態及時能控。

一、老闆想要的優先做

要能得到老闆喜愛的第一件事，就是老闆想要做的事情優先去做。最好在老闆說出口前，就能夠完成。如果你把老

闆想要做的事都當成優先級別的事務，老闆很難不喜歡你。當你手上的工作和老闆想要做的事情有衝突的時候，請務必以老闆想要的事情優先。這並不是說你可以不去做那些你本來職責內的事，只是請你優先考慮老闆想做的事情，而不是用基本職責沒做完為藉口，來將老闆想做的事情滯後。如果你問我，因為先做老闆想做的事情，導致自己分內的事情做不完怎麼辦？哈哈，加班囉。

二、老闆焦慮的馬上做

　　當某些事情會讓老闆焦慮的時候，將你自己所能夠做到幫老闆解決焦慮的事情馬上去做。這類型的工作效果特別明顯。一定問自己在職責範圍內可以幫助老闆解決哪些的焦慮。只要能夠每次都幫老闆降低焦慮，那麼老闆要不喜歡你也難。

三、團隊的工作主動做

　　團隊中有些工作很難釐清到底是屬於誰的職責範圍。也因此所以團隊中有些工作會出現互相推諉的狀態。說實在話，老闆對這類的事情多數是反感的。因此對於團隊中的工作當沒有人願意負起責任的時候，主動挑起職責往往會得到老闆更多的信賴與支持。當然在主動承擔團隊工作的時候，通常建議，不一定要在大家面前的公開場合去承諾，因為這會讓你在團隊裡面變得有點尷尬。私下的讓老闆知道你願意

承擔或是直接就做完都是好方法。但是也記得無需要在這個過程談條件，免得看起來太過斤斤計較。

四、沒人願意的肯去做

總有些事情是屬於沒有人願意做的，不一定是團隊內說不清楚職責的工作。通常會出現的可能是吃力不討好、失敗率很高、很困難的工作才會是大家都不想去做的工作。其實這些事老闆也知道是難的，但是老闆一定也渴望團隊裡面有人可以去承擔這些難的事情。有些時候讓老闆最不開心的是團隊都挑簡單的、容易出成果的事情做，而困難的、挑戰的反而都沒有人去，這會讓他對自己的團隊非常的沮喪。其實難的事情正是你表現的機會。因為風險與報酬本來就是成正比，最難的事情才是最大的機會。或許你會想如果事情沒做好、失敗怎麼辦？不要擔心，正因為是超難的，所以主管對於失敗的可能性也會有心理的預期。老闆要的是有勇氣與承擔責任的人，這才是他最看重的態度。

五、人前顧面子，人後顧感受

雖然我們說做人誠實很重要，在工作中需要真實坦誠的表達意見，但事實上，誠實在工作中是需要轉換的。簡單的說就是，很多時候在眾人面前對老闆的意見發表評論時需要顧慮到老闆的面了，可以說但是必須要委婉地說。而和老闆私下溝通的時候也要顧到老闆的感受，用請教性的語氣說。

有些時候說話的時候如果沒有顧慮到面子與感受，對的事情也可能會成為錯的事情。

六、跟前多讚美、少抱怨

在老闆跟前談論其他人的時候這個原則就特別重要了。記得一定要注意的是，千萬不要在老闆面前抱怨其他人或者談論其他人的不好，而應該永遠都只有讚美。在老闆面前抱怨他人一般來說不但不會達到你要的效果，通常會留下的是更多的負面印象。相對地，在老闆面前如果能夠每次都儘量的讚美他人，留下的一定是老闆對你的良好印象。

七、工作狀態及時能控

另外在工作中很重要的一件事是讓老闆可以隨時掌握你的工作狀況，即時的報告進度。你會說，很多時候老闆對這些事情不關心，也不會去看，做這些事情的目的是什麼？但是請注意，老闆看不看是他的事，而即時報告卻是你的責任。讓老闆在他想要知道的時候，就算心血來潮時都能即時掌握你的工作狀況，是讓老闆安心與取得老闆信任的最佳方式。

還在擔心得不到老闆的關愛眼神？把上面這幾件事情做透了，就好了！

1.07

不懂得拒絕，
職場中你永遠都是輸家！

不知道你有沒有常常碰到這種狀況，當你正忙碌在自己工作的時候，碰到同事突然過來請求你幫他一下。不是不願意幫忙，但往往很尷尬的是手上還有很多緊急的任務處理不完。甚至很多時候同事所需要幫助的事情可能也不是我們所擅長的。有的時候自己的事情也正做到一半被打斷也很苦惱。但是就算如此，拒絕別人也是件很困難的事。不知道怎麼能拒絕對方，因為拒絕是傷感情的，一不小心拒絕別人還有可能會被標上沒有團隊協作精神，沒有同理心等標籤，導致了自己有苦也說不出。

工作中會有很多不得不拒絕他人請求幫忙的因素。除了因為每個人的KPI不同導致的工作輕重緩急不一樣外，工作的專業度、工作分工的職責所在與手中計劃的狀態都會影響我們對他人的支援。因此很多時候也不得不拒絕。

因為如果不拒絕他人造成的影響可能會打亂自己工作步驟，輕則影響自己工作的完成，重則造成自己的績效成績受傷。

有些時候不拒絕他人的請求也可能會把原來幫忙性質的工作最後反成為自己的職責所在，莫名其妙的增加自己的工作範圍與工作負擔。

甚至如果不拒絕別人更還有可能最後因為自己不擅長與不專業導致結果不如預期，影響原有的工作進度甚至成為別人指責的焦點。

然而輕易地拒絕別人的請求，也如同前所述般容易落下不合群、沒有團隊精神、不願意跨部門合作的印象。這都還算小事，嚴重的話別人還會指責你官僚主義，然後影響你自己的同事友誼和部門氛圍。

此時，在職場中如果你不懂得拒絕別人的方法，你將會是永遠的輸家。

怎麼才是有效的拒絕呢？以下給幾個關於拒絕方法的建議：

一、拒絕的時候不要太冷漠；

二、拒絕的時候立場要堅定；

三、拒絕時候不能只有拒絕；

四、拒絕後持續追蹤與關心。

一、拒絕的時候不要太冷漠

首先，當你必須要拒絕別人的時候不可以太冷漠。很多人在拒絕的時候連話都沒有聽完就直接了當的說「沒空」、「不是我的事」、「沒辦法」。坦白說這還挺傷人的。過於冷漠的拒絕會讓人覺得事不關己、推託與官僚，因此容易留下很不好的印象。一個好的拒絕是要有同理心的，最少完整的聽完對方需求、狀態或是困境，釐清楚對方需要支援的內容，同時對對方的狀況加以詢問，比較完整的掌握訊息然後

才清楚的說明原因並拒絕對方。

二、拒絕的時候立場要堅定

在拒絕他人的時候最忌諱的是用模糊不清的態度去拒絕。你以為暗示的很清楚，但是往往容易留下錯覺而引起誤會。嚴重的時候讓對方以為還有機會所以就一直等待，等到發現不是這回事的時候已經影響工作的時間與效率，產生更多的負面結果。因此對於拒絕這件事，當你評估必須要拒絕的時候，不論從態度上還是立場上都必須是非常清楚與堅定的。同時也必須確認對方非常清楚的認知到了你的拒絕。

三、拒絕時候不要只有拒絕

你會擔心拒絕所引起的所有不良的影響，其關鍵在於你只有拒絕。什麼是只有拒絕？只有拒絕指的是你以為只要清楚的表態之後就結束了！其實這是不夠的。當別人來找你幫忙，除了信任外更多是認定這是一個解決問題的契機，因此每一個開口請你幫忙的人都是有期待的，先不論這個期待實際不實際，但是從同事或朋友的角度來看當別人向你開口的時候，或多或少你都是有一定程度責任。所以請你不要只有拒絕，因為那樣會顯得冷漠與事不關己。你會反問，既然不準備幫忙那除了拒絕你還能做什麼？當然有很多可以做的事。所謂的拒絕僅只是從你的時間、資源、能力的角度來看你不應該投入時間與資源在這件事上，但是不代表你不幫

忙！你還能做很多事，比如說給予同事好的建議與指導。告訴對方這個時候該怎麼做。有些時候甚至你還可以幫忙聯繫資源或是溝通協調。請記得，拒絕僅只是不認為此時答應是恰當的選擇，不代表你不幫忙！

四、拒絕後持續追蹤與關心

因為拒絕不代表不幫忙，而且就算拒絕也應該要給予一些資源或是建議。因此在拒絕後對這件事情持續關心與追蹤是重要的。這樣可以讓夥伴們覺得你不是一個冷冰冰的人。同時也會化解別人誤會你的可能性，並降低別人負面評價你的風險。

在職場中，不懂的拒絕，你的工作只會越做越多越亂。只有拒絕，又很容易被人貼上標籤。唯有懂得正確拒絕的方式可以幫助你在職場中成功！

1.08
老闆有拖延症？
四招幫你治理有拖延症的老闆

相對於老闆看員工總是會覺得執行力不好一樣，對很多員工來說，很多時候老闆的拖延症也總是讓他們受不了甚至發狂。

把方案提交給老闆了卻遲遲沒有反應，提醒老闆總是說知道了。和對待下屬又不能一樣，因為不好意思常常催促他，弄不好催急了反而被老闆罵那就得不償失了。

但是對老闆而言很多時候拖延也是很無奈的。事情實在太多了，往往必須優先處理其他重要的事情，然後不斷插進來的工作也造成了干擾，一不小心就給忘了。另外很多時候實在很難在很短的時間下結論，很多東西必須要思考。還有一種就是其實心裡面並不特別認同員工的提案內容，但好像也沒有更好的方案，又不想在這個時候表態，所以事情就放在那邊了。當然也不排除從老闆的角度來說，有些事情放一放也是種可以選擇的方式。

但不論如何，站在員工的立場，老闆的拖延症總是造成了很多工作上的困擾。很多人會很生老闆的氣，甚至有的時候乾脆反過來故意拖一下老闆的東西來表示抗議。

其實這些都不是好的做法，或許員工是想讓老闆體會一下自己的感受，但是老闆那麼忙你不說清楚老闆未必能夠體會，沒處理好反而加深他對你的負面印象就更得不償失了。

所以老闆的推延症簡直讓員工苦不堪言！

或許你可以用下面的幾個方法來嘗試處理老闆的拖延症：

一、在私下的時候和老闆聊聊天；

二、訂定雙方同意的行為準則；

三、不斷的用各種方法提醒他；

四、找個互動的機會告訴他；

五、拿這篇文章給他看。

一、在私下的時候和老闆聊聊天

有的時候你可以嘗試在私下和老闆聊天的時候不經意的、開玩笑的提醒一下老闆關於他的拖延症的問題。你可以說：「你知道我最苦惱你的是什麼嗎？」借機展開一下這個話題。記得用這種方式不要太正式，也不需要談太多，點到就好。通常短時間內會有一些效果。

二、訂定雙方同意的行為準則

第二種方式相對第一種方式來說可能更有效一些些。你可以找一個相對正式一點的場合，用一對一的方式來和老闆討論。記得這樣的談話開頭通常是「我理解你特別的忙碌，有些時候總會……但是如果……發生的話對我工作的困擾是……你怎麼看」，這時候停下來聽老闆的解釋，如果老闆表示理解，這個時候你可以提出你的建議「我有一個想法你

看看如何⋯⋯」，什麼想法呢？簡單的說，就是當你詢問老闆意見的時候，如果老闆在一定時間內沒有回應就視同老闆是同意的，你就可以往下執行。如果老闆有明確的不同意見或是老闆需要再想一想時，老闆應該在時間點屆滿前先提出來。用這種方式可以解決很多困擾。但是用這種做法有兩個重要的提醒，第一在討論的時候採用徵詢的方式詢問老闆意見，而不要強迫他接受。第二，就算時間到了老闆沒有任何回應視同同意，在你執行前務必還是要知會老闆一聲。

三、不斷的用各種方法提醒他

雖然老闆很多事都不回應，但是畢竟是老闆，你不能用我已經說過了來做為解釋的理由，然後就沒有動作（這樣說老闆肯定不會接受），也不能提醒了兩次或三次以後你就停下來。很多人都認為只要Line有告知即可，但是請體諒一下你的老闆。要知道老闆的訊息特別多，有些時候如果沒有即時看到一下就過去了。所以不斷的、有耐心的、持續的提醒老闆關於你的請示還是門重要的功課。

四、找個互動的機會告訴他

有些時候老闆可能不清楚他自己的缺點對大家的影響有多大，但是又苦於沒有機會可以讓他知道。因此如果能透過互動的場合來提醒他也是個好方法。什麼樣的互動呢？以下舉個例子。當有5～8個高管在一起的場合，你可以拿一張

紙，上面寫了很多的優點和缺點（當然拖延症務必要放上去），然後把大家的名字放上去，讓每個人去勾選他認為其他人最大的三個優點和缺點（記得優點要比缺點多），每個人寫完以後將所有人對他人的評價統計出來。分享給大家聽，然後請大家說說自己的感受。然後呢？然後就可以借題發揮一下了。

五、拿這篇文章給他看

　　最後一種好方法就是，你其實買這本書、拿這篇文章給你的老闆看。我想老闆絕對不是故意要拖延的，每一次的拖延背後一定有一個特別的原因。但是拖延真的會給部屬的工作造成困擾。所以每個老闆也都應該和自己的部屬討論怎麼解決這個問題。

1.09

想要學習如何建立信任？
問騙子就對了！

　　這個年代信任是很難的東西，因為人和人間的距離不但沒有因為通信工具的發達而縮短，反而因為對網路、Line、朋友圈的沉迷而變得更疏遠了。

　　尤其對管理者來說，能不能建立和部屬間的信任感往往決定了一個團隊的凝聚力和戰鬥力。

　　那到底該如何有效的、快速的建立和部屬間的信任度呢？或許我們可以向街頭上和市井間的騙子們學習一下。向騙子學習信任？是的，向騙子學習建立信任的方法。因為騙子之所以能夠行騙其關鍵就是建立在信任的基礎上。如果你不信任他，如果你覺得他是騙子，他又怎麼能夠成功的騙到你呢？所以每一場成功的行騙背後都是滿滿建立信任的套路。想要學習取得他人信任的技巧，問騙子就對了！

　　騙子最常使用的建立信任的騙術有五招，分別是：

　　一、讓自己看起來很厲害；
　　二、反復的能說到就做到；
　　三、披上專業或成功外衣；
　　四、用關心建立親密關係；
　　五、找到中立第三者扮托。

騙術一：讓自己看起來很厲害

　　前幾年豪華的辦公大樓供不應求，那個時候恰是詐騙金融公司最盛行的時候。很多詐騙公司往往不惜血本在豪華的地段租下豪華的辦公室。讓受騙者創造一個錯覺，能在這種地方租辦公室的都是大公司，肯定有很多資源，實力肯定雄厚，背景不會差更不可能跑路，是值得信賴的。結果就是把自己給套進去了。

　　人對事物的判斷有時會有月暈效果和偏見，往往會覺得那些給你豐富視覺感受很厲害的人一定都是成功者，跟著成功者學習投資準沒錯。不是有句話是這樣說的嗎？站在巨人的肩膀上可以看得更高更遠。另外街頭上那些穿著西裝向你借錢的人也都是用這招行騙（堂堂穿西裝的總不至於為這點小錢騙人，肯定是遇到真困難了）。因此也都能得手。

　　建立信任小祕笈，你可以這樣做：

1. 投資在包裝上肯定是有回報的（禮盒看起來像大牌，裡的東西一定會很貴）。
2. 要讓自己看起來就是個成功人士（這是很多傳直銷的做法，到處打卡渡假酒店，或豪車或與名人合影）。
3. 但是千萬不要過度的包裝變成炫耀了，這樣會招人的反感。

騙術二：反復的能夠說到就做到

在大陸鄉下街頭往往流竄著一夥詐騙集團，透過街頭的活動告訴你第一天買十元的東西第二天可以還20元現金。第二天真的拿到了，然後第二天買50元的東西，第三天可以還100元現金。第三天真的拿到了，然後第三天買150元的東西，第四天還300元，第四天真的拿到了。然後第四天買500元的東西，第五天還1000元。然後呢？然後沒有然後了，第五天這些人就永遠的消失了。這就是用由小到大反復行動取得信任的效果。一次可能將信就信，二次還可能半信半疑，三次以後信任就自然產生了。

信任小祕笈，你可以這樣做：
1. 設定簡單的小約定或小承諾，然後確保自己能做到。
2. 每次的承諾複雜度都略高一些。
3. 三、四次以後信任就自然形成了。

騙術三：披上專業或成功外衣

一種騙子之所以能夠成功，主要在於他有專業或成功經驗的外衣讓你深信不疑。通常在很多騙子診所或醫院中很常見這種騙子。用某某知名大學的學歷，豐富的經驗，動不動來兩句專業術語，加上在談話間不經意地告訴你誰誰誰也是他的客戶，不知不覺中你就產生信賴了，畢竟某某大學的背景不是一般人都有的，加上看起來專業水準不錯，而且連

誰誰誰都是他的客戶（既然誰誰誰都相信了，應該不會有問
題）

信任小祕笈，你可以這樣做：
1. 適度的展現專業和成功經驗（不要過度會變成炫
   耀），畢竟眼見為憑。
2. 不經意間可以和你的部屬聊聊你過去的成就（但是不
   要一天到晚提同樣的當年勇，會給人造成緬懷過去、
   過氣的形象）。

騙術四：用關心建立親密關係

在清晨的菜場你不難看到這樣的不協調場景，一群年輕
人圍著一些老太太、老先生噓寒問暖，聊天打屁，一副其樂
融融溫暖的形象。不要高興得太早，很大一部分的人都是騙
子。透過關心與噓寒問暖打動老年人的心，然後接下來就帶
他們去高價買保健品的會場了。一個曾經被騙的老太太說，
我也知道他可能是騙子，可是他對我那麼好，又關心我又熱
心，比我家的兒子孫子還照顧我，所以就是一點錢，他騙就
讓他去騙吧。這群騙子滿足很多人空虛的心靈。現在好很多
了，因為國家禁止保健食品的會銷，但是最近的殺豬盤又瞄
準了一群心靈空虛的人們。

信任小祕笈，你可以這樣做：

1.常常真誠問候。（真誠的問候是指沒有目的的關心）。

2.主動的給予支持。

騙術五：找到中立第三者當托

通常這種騙術的會有騙子A和你互動還有一個第三者B要和騙子裝作不熟、不認識的狀態。當遇到某件事（通常是幸運的好事）正在猶豫不決要不要相信A的時候，突然間一個中立第三者B跳了出來講了一句公道話，而且這個第三者在言語之間讓被騙的人覺得是為了他好，還提出驗證或是保險的方法。你想既然這個B那麼好心而且願意一起幫助你確保安全，應該沒有問題，然後你就被騙了。因為A和B是同夥。

信任小祕笈，你可以這樣做：

1. 自己說自己好是沒用的，要有人來說你好才有價值。

2. 而且這個第三者要站在你部屬的角色來幫他們向你說話，爭取條件。

3. 通常協力廠商的「公道話」是很能產生信任的方式。

騙子到處有，不會只有今天特別多。騙子也有騙子的哲學智慧，當你需要建立部屬信賴的時候或許騙子的思路是可以參考的。

當然啦記得，不是要你去當騙子，是要你善用這些方法贏得你部屬的信任。

1.10

送禮就是拍馬屁？
不，那是人情義理！

　　最近一個好朋友很沮喪也很憤怒的來找我聊天，原來他在最近一次晉級的考核中被刷下來了。他問我一個尖銳的問題：「是不是要像其他人一樣逢年過節就要去老闆家送禮，是不是不送禮就沒有前途？可我就沒有這個習慣怎麼辦？」

　　我反問他：「如果上司在一年中的工作很照顧你，你覺得在年節的時候去人家家裡表示感謝是件拍馬屁的事嗎？反過來說，你的主管那麼的照顧你、支持你、關心你，結果一年到頭你連個謝字都沒說，這是恰當的嗎？」

　　不要把逢年過節去老闆家拜年當成拍馬屁！做一個中國人對於人情義理還是要拿捏一個恰當的「度」的。

　　今天就來談談怎麼適度的向老闆表示感謝，同時也爭取老闆的關愛眼神！

　　坦白說，辛苦了一年。適度的表達對上司的感激是本來就該做的事，畢竟關係還是要維護的，同時也能讓你的主管對你另眼相待（讓他覺得你是個成熟懂事的人）。

　　過年對老闆的拜年，當然優先選擇的是儘量找機會去人家家裡坐坐，當然事實上這件事是有挑戰的，因為現在大過年的，很多人都會選擇出門去旅行呀或是回家的，不一定方便。所以要去老闆家首先要先搞清楚老闆的行程。在年前找個機會隨意問老闆一下，過年在嗎？有機會想去你家拜年！

這是基本表態過程。起碼可以讓老闆知道你有這個心意。拜年最忌諱的是沒有事先打招呼就冒失的拎著禮物跑到老闆家裡去。

如果老闆有時間，也願意的話，那麼就可以初步約個時間。通常較佳的時間段是在初三以後到初五的中間（稍晚點會比較好），千萬不要大年初一或是除夕跑到人家家裡去。

當然如果老闆婉拒了，或是沒有時間也千萬不要太堅持與執著，免得看起來太有目的性。但就算不能到老闆家去，過年的時候打個電話拜年還是需要的（什麼時間打我們後面再來談）。

約好了時間，接下來除了準時出席以外，你還有四件事必須要知道並且做好準備：

一、送什麼禮；

二、和誰去；

三、談什麼；

四、待多久。

一、送什麼禮

首先我們談送什麼禮，去老闆家肯定不能空手去的。但是送禮就是門大學問。通常我不建議送過於貴重的東西（下對上送貴重的禮物就真的是拍馬屁與巴結了，萬一碰到直接拒絕不收的主管你就撞牆了），年節的送禮水果或是地方土特產通常還是好的選擇。記得重點是在包裝上要花點心思。要精緻漂亮些，能顯出用心。另外如果主管是有小孩的話，

務必準備個給小孩的紅包或是禮物。

二、和誰去

第二個和誰去的問題。通常過年的拜年如果有人可以一起去是最佳的，免得一個人跑到主管家裡會略顯尷尬也未必恰當。但是和誰一起去呢？其實同事未必是最佳的選擇（有和同事一起的話，說話太多出風頭，說話太少人家不會注意到你）。這個時候的最佳選擇通常是和你的家人（先生、太太或男女朋友皆可）一起去，這樣子就可以把拜訪的型態從單純的公司關係提升到家庭對家庭的關係（這是種私人情誼的關係），而且這樣在拜訪聊天的時候也會有比較多的生活話題，可以快速的建立或是拉升私人的情誼。但記得通常不建議把小孩帶上，因為小朋友是個不可控的因素，有可能會造成困擾。

三、談什麼

第三個談什麼。在主管家的談話儘量家常，讚美一下主管家的環境，聊聊主管的生活或有興趣的事情（旅遊呀……什麼的），儘量多聽要展現出興趣。最後在快離開的時候不要忘了感謝主管在過去一年中的辛苦與支持。

四、待多久

　　第四個待多久的問題。過年的拜訪一般是禮貌性的拜訪，而且過年的時候大家都忙，所以通常不建議待太久，差不多20～30分鐘就夠了。如果主管禮貌性的要請你吃個飯，一般我的建議是算了吧，你懂的。

　　最後提醒一件事，如果沒有機會去主管家拜年，最少在過年的時候打個電話給主管拜年，這還是需要的。雖然現在有Line等很方便的工具。但是請記得，Line取代不了電話的誠意。一般而言，比較佳的電話時間通常是下午。千萬不要初一一大早就打電話拜年會招人怨恨的。

　　拜年是中國人的人情義理，是部屬對上司的感謝，是拉近彼此關係的最好時機。今年過年不要忘了給主管拜個年吧！

壓力大的時候就要讓自己笑

半夜接到一個朋友的電話，因為壓力大導致了沮喪與無助。

人是個很奇怪的動物，會受情緒的影響。我想你一定也有這樣的經驗，在面對壓力的時候特別的無助。在這個時候的你和平常時候的你不一樣，天氣是陰的、心理是冷的，覺得全世界都在與你作對。

壓力是什麼？通常壓力是人在焦慮與恐懼等情緒下所感知到的心理或生理緊張的狀態。而焦慮與恐懼的來源往往是因為對於結果的不確定或是害怕所造成的。

事實上有三件事情是你必須要知道的。

1. 壓力並不會幫你解決問題，因為壓力只是感知，問題的解決需要行動，而這兩件事基本不會主動交錯。

2. 因為壓力而產生的情緒只會影響你的判斷甚至結果。因為在壓力下的決策往往由於將恐懼放大會導致偏差性的失誤決策，最後只會讓結果往更壞的方向前進。

3. 持續性的壓力將會對你的身體造成絕對性的傷害，甚至影響你的生活。其實壓力會對身體的機能產生傷害。持續性的壓力將影響身體健康這件事，科學上已經有太多論證了，就不再討論。但是更重要的是你也必須要瞭解，壓力將會影響你的生活。因為不快樂、退縮甚至攻擊性的行為將會對你的社交與生活產生負

面的影響。

如果已經清楚認知壓力的影響後，接下來的問題是我們如何面對壓力的問題。其實每個人多少都會有壓力，適度的壓力反而有機會促進在職場中的成長。因此我們要學習的不是讓壓力不發生，而是在壓力發生後如何去面對壓力甚至快速紓解壓力的技巧。

在這邊有幾個技巧可以分享：

一、讓自己開心；

二、轉移焦點；

三、找到傾訴的對象；

四、創造積極的環境；

五、笑容與正向姿勢；

六、回想幸福。

首先你可以做的事情是讓自己開心，做自己喜歡做的事或做能讓自己開心的事情。不管是大吃一頓，看場電影、游泳、購物都可以。只要能讓自己開心，有些時候放縱自己一下也不是壞事。

第二種方式是找到一件能讓自己專注的事情，把自己投入在專注上。透過專注的投入來移轉自己的注意力，只要你能專注在某件事情上進入忘我的環境，那麼壓力就自然消失了。

第三種方法是找到傾訴對象，有些時候情緒是需要有出口的。而發洩的方式有些時候只要能說出口就好了。每個人都應該要有個可以傾訴的對象，這個人未必是家人（很多

時候有些問題未必方便和家人說），這個人也比較不建議是公司內的人（因為如果有個與工作無關的人能夠傾聽比較安全）。

　　第四種方式是創造積極的環境。所謂積極的環境包括處在明亮的環境中、聽快節奏的音樂、看正向積極的短片影片或故事、和正向積極的人相處等等。通常人是受環境影響的，處在積極的環境中很快的就會改變自己的壓力狀態。

　　第五種方式是笑得開懷和正向姿勢。過去我們認為人是因為開心所以才會有笑容，但是這幾年的研究我們發現，就算是在心情不好的時候，只要能夠笑的很燦爛，就會有機會在比較短的時間內改變一個人的心情達到正向積極的效果。因此在壓力越大的時候就越要產生笑容。而正向的姿勢代表要習慣性的抬頭挺胸讓自己的姿勢向外擴展而不是向內捲曲。會產生和笑容類似的積極效果。

　　第六種方式是回想幸福。回憶是美好的，每個人都一定有幸福的回憶。所以在壓力大、心情不好的時候如果能回想起幸福的片段，總會讓人得到一點力量，讓自己開心，更有力氣去面對未來的挑戰。

　　以上介紹的這幾種方式都能幫助我們度過壓力的情境。每個人都會面對壓力的情境，但是要記得，壓力不能幫你解決問題，壓力只會讓你有更多的困擾。所以每個人都應該學習快速的對應壓力與紓壓的方式，這可以幫助我們取得更多的成功。

1.12
職場人江湖祕笈

　　和老闆相處不好怎麼辦？和老闆相處不好通常有四種的原因：

一、個性上的衝突；

二、價值上的衝突；

三、行為上的衝突；

四、績效上的衝突。

　　個性上的衝突是指雙方的性格差異導致的衝突，例如主管是急驚風而你是慢郎中。主管話少而你話多。

　　價值上的衝突指的是雙方的處世原則差異所導致的。例如工作的時候主管要求凡事優先考慮成本，而你可能覺得客戶滿意的程度遠比成本來的重要。

　　行為上的衝突通常是來自於做事習慣所導致的不愉快，例如有的時候忘記了向老闆即時的報告，有的時候逾越了和老闆相處的尺度等等。嚴格說起來，行為上的衝突有的時候最原始的源頭還是個性上或價值觀上的差異。

績效上的衝突來自於工作成果不能滿足老闆的期待。

以上四種原因任何一種都有可能導致你和老闆的相處問題。

要改善和老闆的衝突請你記得行走江湖永恆真理：老大永遠是老大。不是不可以有自己的意見和做法，不是不能和老大不一致，但是所有的關鍵是不要忘記誰才是老大和如何讓老大能夠接受。

要改善和老闆的相處問題，首先你必須要先判斷出你和老闆的衝突屬於上述四種類型的哪一種。分辨出究竟是性格上、觀點上、行為上或是績效上的衝突導致主要的衝突。

一、性格衝突的解法

解決性格上的衝突，關鍵在於如何讓不同性格的對方能夠接受或是習慣自己。老闆的性格外向，就讓自己的速度快一點，勇於表達。老闆內向就讓自己的速度慢一點，話少一點不要太囉嗦。老闆喜歡就事論事，講話就直接一點，簡潔一點，不要兜圈子。老闆喜歡聊天，就配合多傾聽。總之要讓老闆有碰到知己的感受。

二、價值觀衝突的解法

解決價值觀上的衝突，關鍵是滿足老闆的價值觀期望。不是不可以表達不同的觀點，但是要注意表達的方式，重點是不要忘了如果不能說服老闆就接受老闆。

三、行為衝突的解法

　　請釐清老闆的做事風格與習慣。建議你可以拿一張紙寫下老闆喜歡你展現工作習慣的清單（例如即時報告、做好計畫、不遲到……）。幫自己在清單的每個欄位上打分數（分數1到10）。如果可以，你可以拿著這張清單去和老闆討論一下他的觀點與期待。同時也請老闆在上面每個欄位幫你打個分數。這樣你就會很清楚的知道老闆的期待和你現況的落差了。如果可以，最好也請老闆幫你勾選出這些欄位的輕重順序。當有結論以後請你盡可能地調整自己的工作習慣，並且定期的（最好每個月一次）主動找老闆，請他幫你評價改善的狀態。

　　其實很多和老闆相處的問題都來自於和老闆沒有就工作的方式達成一致，簡單說是因為溝通太少所造成的。

四、績效衝突的解法

　　和行為衝突的解法有點像，和你的老闆溝通，他希望你優先完成的三件核心工作是什麼，請他排序優先順序和建議的完成時間點。然後就這些內容和老闆討論執行方式（工作計劃與資源安排），不要問老闆怎麼做，而是問老闆這樣做可不可以。討論你需要的支援（具體的、可行的），有共識以後就去執行。在過程中隨時地回報進度。有問題的時候即時反饋。但是記得，每個問題你都應該提供解決方案的建議，而不是問老闆怎麼辦。

自己的工作一直都不順怎麼辦？

如果你覺得自己的工作一直都有不順感的話，建議你先做一件事。請你找幾個工作中的夥伴聊聊天。聊什麼呢？聊他們對你的評價。請他們每個人都要回答你三個問題：

1. 在工作中你表現好的地方有哪些？
2. 在工作中你表現不好的地方有哪些？
3. 你自己最急需要改變的是哪三件事？

請你最少能夠找2～3個人來談這三個問題，如果可以最好能夠包含你的上級、工作上的好朋友和下屬。請找個不受干擾的環境或是時間來討論這個問題。記得當別人在分享的時候不論對方說了什麼，你都不可打斷或是否定對方。不需要幫自己辯解。你需要完整聽完對方的意見。

然後請你彙整所有人的意見，挑出最頻率最高的內容進行自己的行為調整。

另外也請你思考一件事，在職場中你是受大家喜歡的人嗎？臉上的笑容多嗎？會主動問候大家嗎？願意主動的多承擔點額外的工作嗎？會很固執嗎？

或許做些小改變會有很好的幫助。

每天時間不夠用怎麼辦？

面對時間不夠用的時候，請你在每天進入辦公室前就先想好今天必須要完成的三件事。這三件事必須要排列順序。有些時候某些事不是一天就可完成的，那就必須清楚這件事今天必須要完成的進度。

進到辦公室以後將這三件事寫下來，然後按順序優先去完成。中午檢查一次完成的進度，到下午3點再檢查一次完成的進度。每天都要確保三件事完成以後才下班。

　　做到以上的這些建議將會解決很多你在職場中的困擾，而且每天都能夠更快樂的工作著。

1.13

有什麼方法和工具
可以提升自身的工作效率？

想要提升自己的工作效率基本上有以下的幾個建議。

一、強化自己的時間管理

所謂的時間管理，最重要的是分辨你的每件工作屬於下面四種類型中做的哪一類：1.重要緊急 2.緊急不重要 3.重要不緊急 4.不緊急不重要。記得，其中優先處理的通常是重要又緊急的工作，但是關鍵在第二優先處理的工作應該是重要不緊急，而不是緊急不重要的工作。（多數人會優先處理緊急不重要，這是錯誤的）通常緊急不重要的工作你應該委託其他人來協助。

二、善用自己的零碎時間

所謂的零碎時間多是指大約5～15分鐘的小段時間。你應該把很多的零散的小事放在零碎時間中來完成，例如簡單的資料搜尋、工作排序、Line的回應，看看郵件等。

三、要專注塊狀時間

塊狀時間是指大於30分鐘的時間，通常塊狀時間是最能產生核心效益的時間，要把塊狀時間拿出來做重要的事。但如果需要運用好塊狀時間請一定要記住，第一 塊狀時間的運用要先做好規劃，不要臨時才來準備，這樣才可以立刻上手。第二，塊狀時間在使用的時候要避免被打擾。不要在塊狀時間內還要分心去做其他的事情，這樣才能產生高效益。最後，每個塊況時間都要設好目標，強迫自己在時間內完成目標。

四、要懂得拒絕干擾

凡是會影響你專注的都是干擾。一通電話，一個Line，一封郵件等等都是。要提升工作效率的一個重點就是要懂得如何拒絕干擾。很多時候，把手上的工作告一段落以後再進行集中的回應而不是零散的回應，可以提升很多的工作效率。

五、要懂得拒絕

如果不知道拒絕，不斷的增加新的工作或是太多瑣碎的工作，工作效率自然不能提升。因此懂得拒絕是很重要的。而怎麼樣做有效的拒絕，請參考我們前面的內容。

1.14
當意外來敲門

　　不知道你在工作中有沒有碰過意外狀況,例如在交報告前電腦當機、乘飛機的時候忘記帶證件、會議時才發現資料檔案打不開、專案工作整個進度不能把控而嚴重落後等等。這些事情雖然不常見但總有會發生的時候,而每一次發生都讓你一次又一次的抓狂、焦慮和感受到壓力。碰到這些事情的時候該怎麼辦?

　　以下給你化解工作中突發意外狀況的六個步驟。

1. 當意外來臨時你會覺得壓力巨大或是挫折沮喪,這時你先要認識一個真理,就是「現況如此,急或者是壓力不會幫助你有任何改變」,很多人碰到意外的時候,馬上整個人陷入極大的焦慮,但是你一定告訴自己,任何的情緒都不能幫自己解決問題,因此越是意外狀況越要把焦點放在問題的本身而不是情緒。

2. 這時候應該集中思考,所有可以解決問題的路徑與方案,請記住很多時候不要老是一定要想完美方案,在突發意外的時候,只要能夠改善現況的方案即使僅能改善一部分都應該列入考慮。因為時間很重要,我們需要邊做邊調整。通常思考的方向可以是沒有機會用交換、退讓、替代、或是給予等作法來產生改變。記得你必須最少能有兩三個方案。

3. 在想方案的時候不要老是想這個不可能、那個不可以。有些時候我們會受到自己過去經驗的制約影響很多答案的可能。要讓自己換個思路想,想想那又會怎樣?

4. 另外這個時候要評估手上有多少的資源。這裡指的資源包括有誰可以提供支持,還有剩下多少時間可以運用,亦或多少資金可以使用等。

5. 根據資源狀態與方案可達成的結果,排序可能的最佳選擇。

6. 設定時間底線與行動。在意外發生的時候,時間是最寶貴的資源,一直蹉跎猶豫只會白白地造成損失,所以必須幫自己設定時間底線,然後展開行動。只有行動才能夠推動結果的改變。

請記得,當意外發生的時候,「急不會幫你改變甚麼,只會浪費你的時間」,因此思考、判斷、行動是唯一能幫助你的事情

1.15
都是總經理的錯！

今天主持了一天的模擬企業經營競賽。參賽的經理人都是非常優秀的經理。在今天的參賽之前，他們已經進行過一次的訓練預賽。另外他們也在自己的單位分別率領了一批的部屬進行為期兩周的區域競賽。

今天擔任總經理決策的經理，是從在區域競賽中近90位參賽經理中選出表現最好的經理來擔任的。事實上，在為期兩周的區域競賽中，所有的參賽隊伍表現都非常的傑出，許多的參賽隊伍表現比預期的要出色很多，真正經營不善的企業寥寥可數。

我們委託表現最傑出的十位經理擔任今天十家公司的總經理，另外其他的近70位經理則分別擔任這十位總經理的副手（各職能的副總）。這些人都非常有經驗（起碼在這模擬經營的賽局中），非常有企圖心。也準備在這全國總決賽中好好的大顯身手一番（第一名的隊伍可以有10000元的現金獎勵）。

我們預期這應該是一場精采而激烈的競賽！

但是跌破眼鏡的是，第一季度決策的結果，除了一家公司有獲利以外，其他公司全部虧損。而且有六家公司的虧損金額在一百萬美金以上（這樣程度的虧損基本上會讓這些公司在接下來的幾個季度破產的機率變得非常大）。

果然，在第四季度出現了兩家公司倒閉，第五季度出現

了一家公司倒閉。而另外還有幾家公司岌岌可危的在倒閉邊緣掙扎著。

於是我請幾家倒閉的公司全體經營團隊集合在一起，讓他們討論與分析一份報告：「我怎麼搞垮一家企業的」。

當然這中間會有各種的原因。其中我聽到最多的是：「都是總經理的錯」、「總經理好大喜功忽視風險」、「我們提醒總經理了，可是他卻不聽」等等……。

當然我可以同意，公司的經營不善，總經理肯定責無旁貸的要負起所有的主要責任。

然而有一種不可以忽視的聲音也必須要重視，就是團隊中「都是總經理的錯」的聲音。

企業的經營就是一個團隊的經營，沒有都是某一個人錯的問題。事實上，在團隊經營的過程中，只要有一個人犯錯，就必須視同全團隊的犯錯，責任也必須要全體的夥伴共同承擔。這個有點像是接力賽跑一樣，只要有一個人掉了棒子，則不管你跑的有多快都沒有用。後果肯定是共同承擔的。並不會因為你曾經有過提醒，而降低任何的責任。

「可是我已經提醒了呀，總經理就是不聽我有什麼辦法？」

在溝通的過程，結果才是一切的衡量標準，如果說了但卻無法達成目的，則溝通的意義並不存在。而只是「說」，並不能代表責任的完結。就好像如果有一個你自己部門的員工在工作時並不積極，擔任主管的你如果唯一做的處理是告訴員工「你要更積極一點」這句話，請問會有效果嗎？員工的行為會改善嗎？答案是即便是有，改善的程度也很有可能

收效甚微！

　　為什麼？因為說是最沒有用的管理手段，如果能夠靠說就改變一個人的行為，則企業就不會有任何的管理議題了！而管理如果那麼簡單就不會讓那麼多經理人每天發愁了！

　　你也許會說：「可是，對方是總經理呀，他才是最大的，他不聽我說我有什麼辦法？」

　　事實上總經理不聽你的意見是正常的，否則如果你說的每件事他都要聽的話，那麼到底是你當總經理還是他當總經理？

　　優秀的經理人不應該只是因為主管的拒絕或是否定就放棄溝通的念頭或自己專業的堅持。當優秀的經理人碰到溝通障礙的時候，應該要用更多的技巧（用數字、協力廠商的影響、提問導引溝通等等）來影響他的主管。事實上一次溝通的失敗不能當成是已經盡力的藉口，更多的去檢查自己溝通的方式、時機、方法才是更重要。

　　我們說，當你的想法被拒絕的時候才是優秀經理人展現魄力的時候。如果是你，你會怎麼做？

1.16
像滑鼠一樣的思考與行動

　　什麼是讓企業心動的人才？如何才能得到老總的賞識？有沒有可以學習借鏡的標竿？關於這些議題，一直都是上班族關注的焦點，暢銷書排行榜中許多熱門書籍也都是針對這個主題提出的論點。

　　其實在我們的身邊，每個人都有個最好的學習標竿可以參照。你很少注意到他，但你又不能沒有它。它就是滑鼠。

　　哈哈，為什麼會是滑鼠，或許大家都會有很多疑惑，但是你一定沒有發覺的是，現代的上班族，多數已經是不可一日甚至一小時、一分鐘沒有滑鼠。你試試，如果現在使用電腦不用滑鼠，大部分人或工作應該就廢了。滑鼠這個小東西，在不知不覺中掌握了我們的工作績效，多數的工作都要靠它完成。可以這樣說，從你坐在辦公桌打開電腦的那一刻開始，到你下班關上電腦，這中間你無時無刻都需要依賴滑鼠，就算你想偷懶一下去買個股票或是偷菜，沒有滑鼠你辦的到嗎？這簡直比星巴克的咖啡還要迷惑人心。

　　滑鼠到底有什麼魅力，可以讓我們如此依賴？或許這幾個角度可以讓我們深思。

一、滑鼠容易上手

　　幾乎不用學習也不用調整個人習慣（除了習慣用左手的人要多設定一下），任何人都可以在30秒內學會滑鼠的使用。很少聽說滑鼠會挑人的，任何人它都可以也會配合。從組織的角度，這有點像是團隊合作的能力，如果你可以養成和任何人都可以輕易搭配，不挑合作對象，甚至讓每個夥伴都可以輕易的掌握你的工作模式，你自然可以得到大多數人的喜愛。

二、滑鼠隨時可用

　　在USB的即插即用技術支援下，滑鼠幾乎是隨時待命，隨取隨用。相對Win系列的笨重與開機耗時，你應該沒有聽滑鼠喊過等我一下我要暖機的。同樣的，在組織中任何人也應該做一個隨時準備好待命的人，當有需要的時候，要在最短的時間內完成行動準備。現代的企業，速度決定價值。追逐滑鼠的開機速度應當是我們最大的心願。

三、滑鼠反應靈敏

　　指向精準。滑鼠受大家認同的地方即在反應的靈敏與指向的精準。它不會在你移動了三秒以後才反應。也不會你要點擊某個檔案的時候卻開了另外一個按鈕。如果有這種滑鼠，你應該可以在很短的時間發現這只老鼠橫躺在垃圾桶裡

面。因此，如果你不想橫躺在垃圾桶中，你當然需要像滑鼠一樣的反應靈敏與指向精確。

四、跨越界線連結無限

透過滑鼠的擊點，讓我們有機會串連不同的檔案，完成工作，甚至遨遊世界空間。這是滑鼠的內在價值。雖然他在一個小小平方的面積移動，但他串連空間與資源的能力卻是無遠弗屆。同樣的身為企業中的一員，不能只想著眼前的這小塊空間，要看的是怎麼樣和滑鼠一樣，做跨越界線連結無限的引領者。

五、很少故障從不抱怨

你聽過滑鼠的抱怨嗎？應該沒有，甚至滑鼠連罷工的機率都很小，不論你多麼過度的使用它，它永遠都等待、接受與執行你的要求，這就是我們偉大的滑鼠。同樣的，讓自己隨時處於熱機狀態，有健康的身體和開朗的心態，不作過多的抱怨，往往是成功的第一步。

綜合以上幾點，簡單的說，滑鼠幫助我們在職場中的工作更輕鬆容易了，所以我們才那麼倚賴滑鼠。現代企業對於員工的要求與期望越來越高，但是到底什麼才是符合企業要求人才的準則，或許你手中的滑鼠，可以給我們個答案。

1.17
當個快樂的學習新鮮人

生命中最初的學習，在嬰兒呱呱落地的時候就已經開始。每一個嬰兒都必須在短短的幾個小時中利用哭聲學會如何與外界互動，來反應出自己諸如饑餓、不舒服等生理需求，以解決他們所面臨的生存危機。

因此學習可以說是人與生俱來的本能，也是種必然需求。由於社會進步的腳步永遠不會停滯，如果不能調整自己的腳步跟上時代脈動，那麼生活中便會有愈來愈多的挫折與不確定感。一個朋友在學校時主修資料處理，服完兩年兵役以後愕然發現，在他原本熟悉的電腦世界裡，DOS作業系統已經取代他所學習的程式語言。這是他在學校時還沒有的東西，由於兩年的空白使他沒有跟上社會腳步，便被遠遠的拋在發展後面成為他的障礙。由此可知建立終身學習的觀念對每個人來說都很重要。因為唯有透過終身學習，我們方能與社會同步成長。

良性的終身學習應該要建立在三種正確的觀念之上，否則所謂的終身學習很難持續或者是產生效果。首先，**學習是一種開放自己的態度**。學習應該無所不在，傳統的學習方式認為學習就應該要正經八百的坐在教室中聽取夫子傳道、授業、解惑。然而就終身學習而言，生活便是最好的教室而不僅是在學校裡。若我們回顧歷史便會發現，人類歷史中的許多重大發現與學習其實都來自生活，像是發現地心引力的牛

頓是因為蘋果而得到啟發，阿基米德在洗澡的時候有了浮體力學的靈感。中國史中也有孫中山先生看到魚兒悠游而興起人應奮力向上的念頭。養成自己開放的態度，隨時隨地的在生活中用心去體會，放棄自己許多既定的觀念用新的眼光看世界，就會有許多的收穫與成長。

次者，**學習是一種生命追求成長的渴望**。終身學習主要建立在自主性原則上，並不同於學校教育的強迫性。自主性來自於對成長的渴望與追尋。由於有了不滿足，才會有追求滿足的動機。同樣也是由於體認到自己的不足才會激盪出追求成長的渴望。事實上沒有人可以完全的掌握住全世界的知識與能力，每個人都有他懂與不懂的部分，正確的瞭解自己並且願意追尋自我成長，才能真正掌握學習的動機。否則終身學習就會成為一種口號而不會產生真正的價值。

最後，**學習是一種發現快樂的過程**。知識本身或許是嚴肅的，但是在領略到知識的瞬間卻可以發現快樂。這也是為什麼世界上許多著名的科學家願意窮其一身只為找尋一個答案。就像是從萬花筒中看世界一樣，透過新知識吸收與體會，這個世界可以呈現出無窮與多采多姿的變化，令人欣喜與雀躍。如前所說，終身學習本身是建立在自主原則上，所以若是不能體認學習是一種發現快樂的過程，那麼終身學習是很難長久性持續的。

英國有所著名學府，教授從來不會要求學生一定要到教室來上課。因為教授們認為透過教室的學習只是管道之一而已，圖書館裡的好書、一場大師的演講，與街頭小販的討論甚至是咖啡廳一角的沉思，都有可能是很好的學習管道與

方法，因為重要的是得到什麼而不是在哪裡得到。學習本身
無所不在，只要自己願意並且擁有正確的學習觀念，**開放自
己、追求成長、發現快樂**，我們便可以做個永遠快樂的學習
新鮮人。

一百分的服務

　　今天在星巴克喝咖啡的時候，技術失誤的將滿滿一杯咖啡灑出來。那個場面真的刺激呀，熱呼呼的咖啡，完美的以扇形方式輻射鋪展在約一平見方的面積中。幾位親見肇事過程的客人也忍不住小聲的驚呼一下，大概是擔心被咖啡噴灑到吧。還好旁邊沒有坐其他客人，只剩下我尷尬又手足無措的呆立在旁邊。

　　一旁剛好有位星巴克的服務員正在幫尋求上網的顧客解決問題，所以我立刻用可憐兮兮的眼光求助於他，希望得到關懷與行動。可惜這位服務員仍然不為所動與視若無睹的繼續堅定地為他的顧客服務。我只好跑到遙遠的櫃檯邊請其他的服務員來幫忙清理。為了避免讓人誤以為我要逃跑，我可是放下背包，看起來不慌不忙的踱步到櫃檯去的。

　　專注客戶服務在服務的過程是件非常重要的事。這也是通常我們在強調顧客服務祕訣裡面其中一項要素。只可惜很多一線夥伴很難做到，例如曾經碰過的藍帶豬排故事，本來點了藍帶豬排，點餐員當時說藍帶豬排製作時間會比較長，因為當天趕時間的關係，因此請點餐員重新推薦較快的餐點，結果他的推薦竟然還是藍帶豬排。像這樣的故事往往不斷出現在我們每天會接觸到的服務中。而一個不專注的服務員是很容易造成客戶不滿意或是不愉快體驗進而影響企業的商譽。

因此，今天星巴克服務員表現出的專注其實本來是應該非常值得被讚美的。然而太專注或是忽略周遭環境的變化卻是一個嚴重議題，舉例來說，今天星巴克的服務員，作為現場的服務夥伴，因為執著於專注的服務卻忽略必須根據現場狀況來調整服務的優先次序。這部分就產生了許多不良的結果（這也是大家現在看到這篇文章的原因）。其實一百分的服務是必須對於突發的、緊急的事故或是異常的狀況都投入優先的關心與關注。這樣做不僅是考慮服務與商譽，更多是真正協助客戶解決意外的事件。

　　舉例來說，許多的賣場由於面積寬闊往往非常的空曠，在某些非熱門的時刻，若是某些意外不能及時的處理則很容易造成嚴重的後果。記得大潤發曾經有過這樣的規定，公司要求現場只要是出現意外的聲響（非正常的聲音），附近的人員都有責任趕到現場確認狀況。有次一位顧客錯誤的想要將手推車推入一般的電扶梯（僅供顧客通行，標準行人電扶梯），導致車子翻倒並將小朋友壓倒在車下，這事件的化解就靠著因為異常聲響而趕到現場的店員，第一時間衝下扶梯，才阻止了嚴重事故的發生。

　　回到星巴克的案例中，如果現場的服務員在事件發生以後，先向自己服務中的客戶道歉一下，請他先稍等。然後轉過身來和我說「先生沒關係，您旁邊坐一下，我來處理」，接下來跑去前面的櫃檯請同事來支援清潔工作，爾後再回到原先的客戶身邊，為自己耽誤了一點時間道個歉，並繼續之前的服務，那麼他今天的服務就是一百分。

所以在職場中的你，不管在做什樣的事情，專注雖然很重要，但是保持對環境變化的關注並即時的彈性調整工作的重心，則會幫助你創造100分的佳績。

1.19
五星飯店與蘭州拉麵

　　今天有機會和一個明年畢業的小朋友進行面試。講了幾分鐘以後，我停了下來。我問他：「願意聽真話還是聽假話？」「當然是真話。」他說。我說：「你今天的表現糟糕透了，我幾乎不會考慮用你。」他嚇了一跳。

　　我接著說：「請你來第二次面談，是因為我們非常認真的考慮要用你，我們看了你的作品，也考慮你的條件，所以我們覺得應該給你這個機會。但是今天你一點準備也沒有，不但對我們不瞭解，也沒有想要去瞭解。在我解釋完公司的狀況後，你也還沒有弄清楚我們是什麼樣的公司。而你對自己簡歷上所寫的東西也同樣沒有掌握的很清楚。對我的問題也都隨便回答，如果對這些細節你都沒有注意，我們又怎能相信你可以投入在工作中？請你自問，你有像我們一樣的認真看待這份工作嗎？」

　　他說：「我平常不是這樣的，上次我在XXX大公司面試的時候，我就花了好幾天去準備每個細節。」

　　我問：「所以是因為我們是小公司，所以你覺得隨便一點沒有關係嗎？」

最後我問他：「雖然機會不大，但是如果給你一個機會，你還願意試試嗎？」他點頭，於是我們重新開始面談。最後的結果是，下週我們將會有個新員工報到。我們看重的不僅是他的能力，而是他在面對挫敗以後的處理態度。

　　面試的過程，往往並不僅止於選擇的過程。面試也是一個雙方溝通與促進認識的過程。甚至我們希望面試也可以是幫人成長的過程。人不會沒有缺點，每個人都會有缺點。但是往往面試結束後，企業只關心有沒有自己要的人才，而對那些不適合的，只是在心裡搖搖頭，嘴裡笑一下就過去了。這也導致了有些人很容易找到工作，但是卻也有部分人很努力卻總是機會不佳。

　　他們一樣有很好的能力，卻總不明白為何找工作那麼難。其實魔鬼都在細節裡。企業除了看重能力以外，對於求職者的企圖心、準備、思考與判斷同樣也會評估。如何在短短的幾分鐘內讓企業感受到求職者的差異這是很重要的。

　　而這一切並不是只有大企業才會在意，小企業一樣是需要的。很多求職者在面對大企業的時候花了許多的精神去塑造自己的形象，但是在面對小型企業的時候，卻缺乏和面對大型企業一樣的熱誠。抱著反正去試試積累點經驗也不差的心情。

　　請記得，不是只有在五星級飯店點碗牛肉麵的時候你可以要求好吃，就算在路邊攤點碗35元的蘭州拉麵，顧客對於冷的、餿的、壞的、髒的牛肉麵一樣不能接受。

由於社會的開放與成長，現在的很多年輕員工其實能力是很強的，但是對於面試的態度卻又往往太過隨性或是輕忽。

　　所以也請準備好，不論是在五星飯店或是蘭州拉麵，都需要端出最好的給顧客。而這也就是許多企業成功的關鍵，也是許多人創造成就的祕訣。而企業對員工的教導與學習也不能等到找到人報到以後才開始，或許面試就是一個最好的機會。

1.20
天使執業資格證書

　　成為天使很難嗎？一點都不會。因為成為天使並沒有太高的技術含量與知識要求。你不需要上過天使大學或經過考試才能領有天使執業資格證書（現在很多行業沒有資格證就是非法執業），你不需要有翅膀、不需要頭上有光環、甚至不需要會飛。唯一的要求是你要有願意成為天使的心。

　　把幾年前我兩次遇到天使的故事和大家分享。

　　那時我住在淡水但在新竹上班，兩地有一百多公里距離。因此我需要每天開車開很遠的距離。通常我有兩個選擇，一個是走高速公路快但是無趣。另一個是沿著曲折而偏僻的海岸線行駛並同時享受海天一色的美景。當然，通常我都是選擇後者。

　　那天早上七點不到，我正沿著海邊吹著海風享受著初升陽光的溫暖時，突然間輪胎爆了。雖然也開了幾年的車，但爆胎還是第一次碰到。搬下了車上的備胎和換胎工具想要大顯身手一番，怎麼試卻連個輪胎都卸不下來。只能乖乖的打道路救援電話。那個地方實在太偏僻了，除了一個大的焚化廠外，前後十幾公里內連個小店都沒有。在弄清楚我的位置以後，客服人員很溫柔的告訴我救援車輛將在兩個半小時以後到達。我除了將警示牌按照規定豎立在車尾後，只能耐心的在車旁乖乖等待。

雖是偏僻的鄉間道路，但不時還是有車經過。很奇怪的是常常有車在經過我旁的時候慢下來，然後探出頭問站在車旁百般無聊的我，是否需要幫助嗎？當然不需要！我看過太多的報紙與新聞提到了在路邊隨便換個輪胎就被敲詐或是欺騙的故事。我心裡想著，你們太小看我了，我哪有那麼好騙。我還得意洋洋的想，哼，還是道路救援最可靠。

　　這時嘎的一聲，一輛BMW急停在我的車前，一個約莫二十多歲的年輕人嚼著口香糖走下車。在我還來不及制止他的時候他就已經蹲在我的車旁幫我換起輪胎。我幾次跟他說不需要，他卻充耳不聞的繼續把我的輪胎卸了下了。「完了！」我看看前面停著的BMW，再看看這蹲在地上的年輕人。我心裡想，今天不花點鈔票看起來這關過不了。

　　十多分鐘以後，等他把輪胎換好站起來時，我怯生生的問了一句：「多少錢？」同時也把皮夾拿出來準備狠狠的被敲一筆時，他連看都沒看我一眼，背著我揮揮手說不需要啦，走向他的車、上車、關門、發動引擎然後倏地車就開走了，留那個目瞪口呆手上還拿著皮夾的我在太陽底下不知所措。

　　兩個月後的某一天晚上九點多，在一個新竹深山裡蜿蜒的山路上（離上次爆胎的海邊很遠很遠的地方）我和公司總經理兩個人開著車拜訪完客戶準備返回公司，運氣不好的輪胎又爆了。當總經理手足無措的站在車旁不知如何是好的時候，我很篤定的告訴他：「不用擔心，天使馬上就來了！」

　　「天使？」總經理的臉上寫滿疑惑。二十分鐘不到，一輛路過的車停在我們前面，一位先生問我要不要幫忙？

「要！」我很篤定的告訴他。在換完輪胎後那人什麼話都沒有說就走了。這次留下的是我目瞪口呆的總經理和帶著自信微笑的我。因為我又碰到天使了。

從此，我學會了換輪胎。

還有，我也成為了一位天使。之後只要我開車看到路上有人的車輪胎爆了，我都會停下車來，很快的幫別人換好輪胎（當然他車上要有備胎），然後用黑黑的手向對方揮揮手（很帥的），上車倏地就開走了，留下錯愕的車主在那目瞪口呆。這真的是一件開心的事。

或許太多新聞或社會事件讓我們對陌生人總是心存芥蒂、小心謹慎，甚至猜忌疑慮。但是如果我們只是對於世風日下表示感慨與遺憾，那並不能幫助我們或是對這個社會改變什麼。我相信人終歸是善良與美好的。我相信人性中總有那美麗與真誠的一面。如果我們期待看到人的美，那可能需要從我們自身做起。願意先敞開自己防衛疑慮的心，要成為別人生命中的天使。

我雖然沒有天使執業資格證書，但是我願意成為天使。事實上在我們的周遭總有很多天使存在。而你，只要你願意，你也可以成為天使。而在辦公室中，如果你能成為公認的天使，你就會是最有機會成功的職場贏家！

1.21
價格為王？

今天無意間看了一小段電視節目，最近很熱門的現場求職節目。看見一位亮眼與出彩的28歲求職者的求職表現。無論從談吐、氣度、反應、經驗來看都是一位非常優異的求職者。他的表現也深深的吸引了眾多企業老闆的目光。

起碼有三分之二的老闆都競相開出條件想要爭取求職者的青睞。這裡面不乏相當多知名的與優秀的企業。而且所提供的工作內容也相當的有鍛煉的機會。

令人訝異的，最終求職者放棄了這裡所有的工作機會。唯一的理由，是在薪水上離自己的期望還有一段距離。

對於他所期望的薪資，他說：「不論從年齡上，或是在工作轉換的過程中他所要承擔的風險來說，這樣的要求都是合理的。起碼要有個50%的成長。」

是呀，從年齡上來說或者在工作轉換的過程中所承擔的風險，這樣的要求都是合理的。起碼要有50%的成長。我又再一次地聽到這樣的說法。這是我這幾年在面試中最常聽到的說法，和理直氣壯的要求。我既然承擔了這麼大的風險，所以拿到更高的報酬是應該的。我都已經這把年紀了，拿這樣的薪水是應該的。

這樣的說法可以是存在的，如果企業開的印鈔廠、如果企業的獲利永遠都源源不絕、如果所有的企業都一定會保證成功。那麼我想不要說加50%，加100%企業都願意去爭取。

回到商業的領域，在真實的市場當中有著這麼一句說法：「先有價值，而後有價格，只有你能夠創造價值，你才有可能得到價格。」

　　我不明白為什麼現在的求職者多數都只關心應該拿多少，而不是能幫企業創造多少。要知道，你所能從企業分享到的利潤，一定是存在你幫企業創造的利潤當中。因此任何薪資的增加都應該著眼在你能幫企業的價值創造上，而不是你自己的安全保障上。

　　有的人會說，提供優秀人才更好的條件不就是企業人才競爭力的體現嗎？

　　當然沒錯，可是總要先證明自己是優秀的人才呀！同樣的回到商業領域，除非是特搶手的知名品牌，否則你有多少本事要求你的客戶先付款（還是一年百多萬）才取貨。而且錄用人才這種事，就算是將來退貨（試用不合格），企業的薪資也是不能少給的。

　　所以在企業必須承擔高風險的情況下（你是不是真的那麼好，總要用了才知道。否則不行的時候你拍拍屁股走路了，企業卻依然要承擔所有的現金損失、機會損失）薪資的關鍵還是應該要先證明自己的價值。

　　如果證明了自己的價值卻不能得到相對的價格，企業自然留不住你。證明了自己的價值，卻不能給予相對價格的企業，也絕對不是一個值得發展的好企業。

　　事實上選擇一個企業或是一份發展的事業，絕對也不能單從薪資的角度來看，工作的前景與企業的遠景甚至還要考慮的是企業的價值觀與文化等等。因此才會有馬雲和他的創

業夥伴所留下的傳奇。

我想企業所想要的人才，一定是關心別人（對方）多於自己的非自我中心的人才。

至於這位求職者到底有沒有機會在真實的世界中找到一家企業滿足他的要求？

當然有機會，只不過這樣的企業真的就是好的企業並且帶來自己人生中新的一頁嗎？恐怕還有很多未知的地方。

還不錯的是，節目中的老闆們沒有哪一家公司同意滿足這位求職者的最低需求。

這起碼展現企業用人的基本素質。

1.22
尋找職場小確幸

在馬路上的時候迎面走來一個朋友，鎖著眉頭低頭行走。把他叫停，他才勉強擠出一絲的笑容打著招呼。問為什麼心情不好？哈，職場工作者的共同病症——壓力。

對大多數的上班族來說工作中的壓力、生活的壓力、家庭的壓力總是排山倒海的波波來襲。在工作上追尋成就感、尋找人生的方向、找到自己的舞臺、建立肯定與信賴的關係、得到肯定與榮耀、同儕與朋友們的成就，總是無時無刻的壓迫著我們向前走。生活又要面對買房、買車、結婚、生子的壓力，很快還有教育問題等等。什麼時候才會是盡頭呢？

像這樣的議題多想幾次，你的笑容就不見了。再想一下，你開始覺得人生是無止盡的黑暗。那麼快樂在哪裡？幸福怎麼找？人生為什麼這麼痛苦？

對大多數的來說，人生與職場是一個長期奮鬥的過程。任何的成就與價值都需要經歷時間的磨練、困難與挫折的阻撓，才能真正顯出耀眼的光芒。我常常和人分享：一天能夠做好，一個月能夠做到，甚至連一年能夠完成的事情都不能稱呼為成就。真正的成就是要投入時間、心血與克服種種困難才能夠達到的，這樣的成就也才有價值。既然如此，在中間自然會是一波波的煎熬與挫折。

但是這個過程一定會那麼痛苦嗎？或者說一定要那麼痛苦嗎？

不一定，這就要看你是否能感受到並享受你的職場小確幸了。

職場小確幸？是的，職場小確幸，你也可稱呼它為職場微幸福。

職場小確幸指的是在我們周圍和工作的四周，許多微小而確定的幸福。（小確幸的名詞來自日本作家村上春樹的隨筆）。什麼是職場小確幸？工作休息期間的一杯咖啡、桌上的盆栽冒芽、同事的一個微笑或是幫助、冬日裡的一場飄雪、一個好玩的MSN標題、甚至老闆的一個關愛眼神都可以是。

生活的周遭有太多的細節被我們所忽視，但其實驚喜無處不在。因為我們長大了、因為我們太忙了、因為有太多的因為，所以我們忘記了這些幸福。睜大你的眼睛、豎起你的耳朵，去感受你四周的小確幸。

因為微小，所以職場小確幸不容易被注意到。但也因為微小，所以職場小確幸很容易發生甚至隨時發生。職場小確幸並不會有固定存在的模式或是內容，更多的時候它會是你看問題的角度與觀點。是「啊，下雨了？」，還是「哇，下雨了！」

其實職場小確幸存在我們的四周，充斥我們的生活，只是你有沒有注意到它。

從今天開始，每天幫自己找到20個職場小確幸，把它記錄下來做成一個職場幸福手冊並和朋友分享。等到你真的養成習慣每天找20個職場小確幸，你會發現你周遭的小確幸絕對不只20個，而是到處都是。

　　有人說過，既然你無法改變環境，那你就改變你的角度。當你可以無時無刻的發現你周遭的職場小確幸，慢慢的它們就會彙聚成巨大的幸福而改變你的生活。你會發現生活中充滿力量與激情來應付你所有的挑戰，去支撐你追尋人生的價值與成就。去創造你成功的人生。

　　而這一切，都從發現你生活中的職場小確幸開始！！

1.23
我愛大西瓜

　　從小我就喜歡吃西瓜。理由很簡單，簡單、方便、暢快。很少有水果可以像西瓜一樣如此讓人痛快的水果。可以大口大口的吃，香甜多汁。而且想吃的時候，就算沒有工具，手一剁馬上就可以享用。炎炎夏日，冰鎮的西瓜更是人間極品美味。記得幾年前的一部電影，男主角落難到一個孤島，能找到的只有椰子，看起來不錯，可吃的時候可就難了。費盡千辛萬苦才得到那一點點的水，他當時一定想，如果這是西瓜多好，水多還能充饑。（哈，但是如果是有西瓜的話，可能一部好好的劇情片要給搞成喜劇片了。）

　　但是西瓜只有好吃這個優點嗎？當然不是，在我們生活的周遭，到處都有西瓜的痕跡，而且未必和吃相關。舉例來說，最近我在外面上課的時候最常舉的例子就和西瓜有關。別誤會，我可不是賣水果的，我最近教的是話術。你買西瓜的時候會問什麼樣的問題？大多數人問的是甜不甜？熟不熟？水多不多等。可是仔細想一想有哪個賣西瓜的人會回答你，我賣的西瓜不甜、不熟、水不多呢？每次我反問後，學生總是搔著腦袋說，對呀，我麼沒有想到。在我們的生活或工作中總是充滿著這些各式各樣的無效提問。這是因為我們習慣把我們對商品的期望（或是對人的期望）轉換成問句。而對銷售者來說，他的答案肯定要往能滿足你的方向回答。在這種情況下提問就失去了甄別的功能。

西瓜還不只能教人體驗話術，我還喜歡用西瓜來說明人格特質的影響。小時候有次走在路上，發現一條小小的瓜藤掉在竹架下的地上蔓延。好心的把它牽引到竹架上，心想做了件好事，也期望這小小的瓜藤可以生長的很好。兩三天以後經過竹架，發現那條瓜藤又掉到了竹架下，於是又把它牽引到竹架上。但下次經過的時候，瓜藤仍然在地上，經過了幾次的反覆，最後我放棄了讓瓜藤順著竹架生長的念頭，我想就隨它去吧。一段時間後答案揭曉，原來那條瓜藤長的是西瓜。西瓜天生就只能沿著地面生長，就算你很努力的協助它，它仍然會回到地上，因為西瓜知道，只有在地上，它才能安全的生長出大又甜的西瓜。這和我們的人格特質不也相同嗎？只有順著自己的本能與特質發揮你才會有最好的成績，而不用刻意去模仿和自己不同的人，竹架上掛著的是葡萄，你看過哪些西瓜可以在竹架上生長的很好的呢？

　　從小到大，在教學的環境中我們是離不開西瓜的。很多人都做過這樣的題目，西瓜一斤五毛錢，一個西瓜有四點二斤，另外一個西瓜四點五斤，請問兩個西瓜合計多少錢？以前每次要上臺演講前只要看到下面滿滿的都是人就會很緊張，兩隻腳抖呀抖個不停。老師安慰的時候也總是會這樣說，你就把台下每個人的腦袋當成西瓜吧，就當成擺著一屋子的西瓜就不緊張了。長大後，最近這幾年每每遇到選舉的時候，總是會有人這樣提議，應該要增列西瓜代表。在每個選區都放一個西瓜候選人，如果選民們對於候選人都不滿意的話票就投給西瓜吧，開票以後凡是候選人的票數低於西瓜的就一律判定落選。這真是好的建議，既不會浪費手中的一

票，又可以用手中的票來表達對一些不好候選人的抗議。另外最近手機遊戲裡面有一款暢銷的遊戲就是切西瓜，當快刀砍下去西瓜裂成兩半的剎那間，逼真的音效不僅提供了職場工作的心理成就感，也緩解了職場壓力。

　　長成一個又甜又大西瓜的關鍵在於成長環境的控制，過度肥沃的土壤和水分的灌溉只會換來一顆普通的西瓜。只有在貧瘠沙地和少水環境中成長的西瓜才有可能是極品的西瓜。而我們每個人的成長、成功與成就不都是如此嗎？我愛大西瓜。

1.24
玩轉職場冷暴力

最近一項網路的調查顯示，70%的上班族表示自己碰到了職場冷暴力。70%？沒錯就是70%。這真是一個令人錯愕的數字。這代表職場冷暴力每天都發生在你我的生活之中。因為你我等大部分人的公司規模都在10個人以上，所以幾乎每個人身邊，或是每一家公司裡面都有人，起碼是他自己認為遭遇到了職場冷暴力。

但是真的有那麼多的職場冷暴力發生嗎？難道說我們處的企業工作環境真的是那麼的冷酷無情？

什麼是職場冷暴力？職場冷暴力指的是在職場中被主管或是同事明顯的忽視，冷漠對待、視若無睹、冷言相對等行為。而根據調查顯示，多數冷暴力的施暴者來自於主管。而大多數的人遭遇冷暴力以後會想要轉換或離開現有的工作環境。

坦白說，70%這個數字有點可怕。如果高達70%的人都表示自己遭遇了職場冷暴力，那麼我們可能需要重視的不僅止是這個現象，更需要開始反思這個數字後面的意義。從這個數字中我大約有幾點解讀，主要反應在現在職場工作者的人際需求上。

首先這個數字反應出了職場工作者對於被關心與照顧的期望與需求。傳統的工作者，被賦予的要求是聚焦在工作之中。所有和工作有關的討論都會集中在事務的處理和目標的

達成上。而現在的工作者不僅需要工作的空間，更期望在心靈上的被鼓勵、支持與關照。能夠被關心、照顧、重視的感覺成為工作中動力的重要環節，而不是單單看薪資福利與工作環境待遇。這種心理上的動力需求從某種角度上來說，可以看成社會進步與成長的反應與表徵。

但是這個數字也相同反應另外一個議題，就是現代工作中所呈現出的低抗壓與面對職場人際問題的束手無策。

為什麼這樣說？因為嚴格講起來冷暴力是自找的。除非你的主管對每個人都是同樣的冷暴力態度，那就可以說是主管個人的素質、修養能力問題。但是如果冷暴力只發生在你一個人身上，這只能是主管或同事對你人際行為的回饋。而且通常別人對我們的態度，往往源自於他們基於對「我」的評價、感受或是認識下的最佳對應方式。因此先不要問別人為什麼要對自己冷暴力，而是要關心為什麼會使用冷暴力？是對方認為這是與我相處的較佳模式，抑或冷暴力只是現今上班族過多關心自我而以自我為中心並忽略他人下的產物，這樣的話冷暴力只是一個訊號而已？

甚至我們可以這樣說，感受到冷暴力事實上也反映出上班族對於人際問題的束手無策。否則，就不會有冷暴力問題的產生。

因此，面對冷暴力逃避絕對不是最佳的選項，也不需要去質問對方為什麼要用這種態度對我。反而要優先反思是不是自己在人際的行為與相處上有需要改善的地方。在職場上，不能老是以「我」，作為中心點，要別人關心我、傾聽我、配合我、按照我的標準來對待我。反而是以「他人」為

中心點的去傾聽、關心與配合，這件事和職場的新人與舊人無關。這是人際相處中最常遇見的障礙——我們只關心自己想說的和感受的，而不是他人想說的和感受的。

　　同時在職場中，也不要因為別人一點點的壓力或是情緒就產生被冷暴力的想法，也要知道每個人都有自己的情緒。每天也都會有快樂的時候和情緒低落的時候，要學習容忍別人的情緒。同時也不要對別人一時的情緒有太多過度的聯想。讓每個人快樂起來，是面對冷暴力的最佳選擇。

1.25
是「拼爹的時代」
還是「坑爹的時代」？

　　網上有篇文章是這樣說的，父母的收入每增加10%，子女的收入就會增加4.5%，而且如果父母是在國有單位工作的話，提高的比率還會多更多。這是篇號稱某經濟學家論文中的觀點，其中還認為隨著父輩收入差距的加大，後代的差距也會變大，這其中的不平等有63%是機會不平等所造成。

　　文章在網上流傳以後，很多人開始討論自己父母爭不爭氣的問題，甚至認為自己的不如意是來自己父母的不爭氣，因此「拼爹的時代」開始成為一種說法。還有的討論開始要求自己的父母要為了自己的前途而更努力。這是件非常有趣的事。

　　其實不能怪罪這位經濟學家（如果真的是某位經濟學家寫的話），因為這樣分析的原始目的不過是呈現某些的社會統計分析下的現況而已，並不是要去鼓勵「拼爹」。從邏輯的角度上來說，隨著父母的收入越高，家庭自然可以提供更佳的教育環境與競爭資源給予下一代，讓下一代取得較佳的競爭優勢，而這也就是其中63%機會不均等的所在。我也相信文章後面更應該去探討的方向是，如何運用政府的資源與政策去消除那63%的機會不均等。只可惜很多大眾的觀點卻只落在「拼爹」這件事上。

在這樣簡單的分析後面，有幾個有趣的議題可以關注。第一個是為什麼父母的收入增加10%，子女的收入才能增加4.5%？按照理論來說，隨著競爭優勢的加大，第二代的優勢差距可以也應該是加大的。從報酬率的角度來看，子女的收入增加必須要超過10%才划算。結果只增加了4.5%，這有點「經濟效益遞減」的感覺。看起來子女的不爭氣比父母的不爭氣還要嚴重一點點。但是為什麼呢？是因為有比較好的競爭優勢與資源所導致的子女不夠努力？還是「拼爹」優勢也有其上限？

第二個議題是所謂子女收入增加4.5%這個數字必然有個觀察的基準點，譬如是在25歲或是30歲的子女收入平均值。但是如果我們把時間拉長，用每五年作為一個觀察單位進行追蹤，這樣的增長曲線是遞增還是遞減呢？如果是增加的話代表機會不均等的影響持續擴大。如果縮小的話代表機會不均等的影響隨著時間變小。我個人比較相信第二種的角度，收入差距應該會隨著時間而陸續的縮小。

良好的資源可以讓第二代贏在起跑線，這個論點沒有錯。但是人生是一場漫長的馬拉松比賽，除了一開始的種種資源以外，真正長久持續的成功要靠的是信念、態度、堅持、努力，還有挫折容忍力等內在的軟實力。這部分資源的取得和父母無關，而是每個人的價值信仰與經驗。這個部分對人的凸顯與影響將會隨著時間而慢慢降低，而初期的競爭資源優勢的影響也會慢慢降低。這也是人們常常會舉例，贏在起跑點的兔子未必是比賽贏得烏龜的原因。

過多的資源往往讓人養成依賴、驕縱、自負的心理與態度，這些在人生的競賽中絕對是負面的影響而非正面的加分。另外由於貧富差距過大，如果我們把兩端點的極端值扣除以後，這種「拼爹」優勢的差距可能比想像中的要小很多。

　　成功最終還是要靠自己的，過度強調「拼爹」優勢的結果，說不定只是「坑爹時代」的開始。

1.26

職場被騙記

前一段時間和一家公司談了合作的計劃，對方老總用偉大的夢想與恢宏的藍圖來邀請合作。想想也不錯，就投入了時間與精力。一會兒飛到那邊幫忙宣廣，一會兒幫忙帶隊到這邊辦活動來解決對方很多的燃眉之急。雖然合作的細節都還沒有來得及談清楚，但總想著既然要合作，若總是先把利益放在最前面，感覺有點趁人之危（因為對方真的很急），同時也不符合我的做事原則（把事情做好了，利益自然會產生。）。

結果呢？哈哈，事情做完了有點像小說情結般的，對方也就消失了（起碼是沒有主動找過我），感覺好像什麼事也沒發生一樣。所以花了很多時間做的事，一丁點的報酬也沒有拿到，還免費提供了一堆的檔案。這是標準的非志願性的志願服務。

很多朋友都覺得我活該。這把年紀還會被騙，是自找的，誰叫我不把利益先談清楚。朋友們說學個經驗看我以後還會不會這樣。

當然是會，因為這才是我。

每個人可以有自己選擇的權力，選擇做自己的主人。如果因為一個人對你不好或是騙了你，你就抱怨全世界，或者認為全世界都是壞人那才是最糟糕的事情。

世界因為了有惡，善的存在才有意義。因為有了考驗，才能凸顯堅持的價值。

或許是被騙了，或許有人占了便宜。但是所有的付出與努力絕非毫無價值。

因為金錢只是衡量價值的一種單位，但不是唯一的單位。

聽到我分享的學生如果覺得有收穫（就算只有一個），和我一起努力的夥伴如果覺得有收穫（就算只是一點點），那都是價值。而我自己在這個過程也有都經驗的積累。

占人便宜的人好像賺到了，其實他賠掉了信譽、信任還有很多未來的機會。吃虧的人好像賠了，但其實卻賺到了很多經驗與快樂時光。

到頭來雙方還是兩不相欠，端看你怎麼想。

而我依然是我，沒有準備改變。

第二篇

管理不用裝孫子

寫給新鮮的管理者

2.01
啃草的小白兔
會比啃肉的野狗更可怕嗎？

　　從二八法則來看，公司的80%的人屬於非核心的普通員工，非核心就意味著他們將不會得到太多的主管關注、業務資源、福利待遇、培養機會，也因此，如果自身沒有高內驅力，他們中大部分人都會逐漸隱沒在團體中，成為路人甲、乙、丙、丁，而後不同程度的依賴於團隊的力量而「生長」。

　　但問題在於，古往今來都有「三個和尚沒水喝」的說法，匹配到企業中，也就是說，如果每一個人都期盼於依賴團體的力量，那麼久而久之，所有人都會變得懶惰而無激情。這種狀態一旦沒有被及時有效地遏制及管理，這類死水一般的員工團體將會越來越壯大，並且隨著他們資歷的積累，最終將損害到20%的核心及精英員工的發展，進一步導致精英人員流失。這就是產生了布魯斯・韋伯斯特所說的「死海效應」，在經濟學中這種現象可被稱為「劣幣驅逐良幣」。

　　有一種員工是「白兔式員工：指一種態度很好，待人熱情，團隊意識也不錯，但是能力很差的員工。」

這個說說法來自於一篇頗具爭議的文章〈馬雲、周鴻禕高調宣布：清退「小白兔員工」，絕不手軟！〉。事件源於360集團董事長周鴻禕先生發布的一條微博。他在微博中說道：

公司部門領導和人力資源部門要定期清理小白兔員工，否則就會發生死海效應。

周鴻禕解釋道，「公司發展到一定階段，能力強的員工容易離職，因為他們對公司內愚蠢的行為的容忍度不高，他們也容易找到好工作，能力差的員工傾向於留著不走，他們也不太好找工作，年頭久了，他們就變中高層了。」

這種現象叫「死海效應」，好員工像死海的水一樣蒸發掉，然後死海鹽度就變得很高，正常生物不容易存活。

這篇文章被許多企業大佬點贊加持，可同時也被很多普通網友質疑和譴責，認為這是典型「無良資本家」的嘴臉。

對峙雙方基本上算是兩個層級鮮明的陣列，一方代表老闆利益，一方代表員工利益。

《左傳·昭公十一年》：「末大必折，尾大不掉，君所知也。」

在繼續上述話題前，我們需要瞭解為什麼馬雲老師會被迫「躺槍」？其實這和「小白兔」的來源有關。

阿里把員工按照「工作能力」、「價值認同」兩個維度進行劃分，形成了5個類別：明星·野狗、牛、小白兔、瘦狗，如下圖：

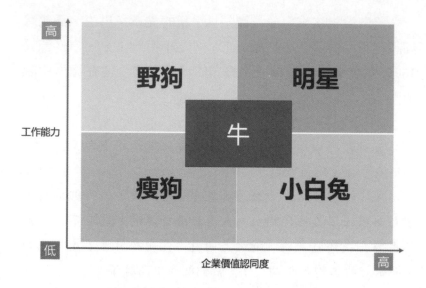

對此，阿里對待這5類員工的態度差異甚大，基本上追循「一企五制」：力捧明星、牽制野狗、圍殺瘦狗、忌諱兔子、安撫老牛。

一篇發表於2013年男士人物中的〈馬雲給商界大佬講阿里，公司最忌諱「小白兔」〉有這麼一段話：

「我們公司最怕兩種人，一種是『野狗』，能力很強，人品不好，價值觀不行；還有一種是『小白兔』，人很好，能力很差。小公司要嚴防『野狗』，因為他這個人能力太強，反而會把這家公司做小了，但是大公司忌諱的是『小白兔』。」

可以看出，馬老師認為，對大公司來說，小白兔比野狗的危害更大。

這是因為小白兔幾乎無法為企業創造價值，而卻又不能像對待「瘦狗」那樣，冷酷「殺掉」，久而久之就成了大公司身上無法剔除的惡性腫瘤。

《楚辭·卜居》：「夫尺有所短，寸有所長，物有所不足，智有所不明，數有所不逮，神有所不通。」

其實將員工分為五類的方式並非阿里首創，無獨有偶，104人力銀行的某特質測評中，將公司員工以大眾熟悉的西遊記角色進行劃分。

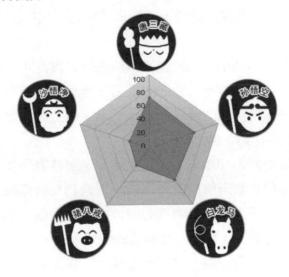

唐三藏＝明星，掌控全域的領導者
孫悟空＝野狗，勇於嘗試的冒險家
白龍馬＝牛，默默付出的耕耘者
豬八戒＝瘦狗，帶來快樂的開心果
沙悟淨＝小白兔，團隊運作中的潤滑劑

但與阿里不同的是，104公司站在一個較為中立的角度來看待這幾類特質的員工，它認為每一類員工都有其存在的價值，當然前提是企業能有效運用他們。

針對此事，有人詢問我對「小白兔員工」的看法。

「我不認同『絕不手軟』的觀點，小白兔並非罪無可赦，企業『一刀殺』的做法其實是種偷懶行為，因為開除小白兔們比改善他們更省錢和方便。

且這樣的做法也不是好的示範，並不適用所有企業，因為大多數出現『白兔氾濫』現象的企業，其本身並不曾有效管控以及引導他們，這就像是『捧殺』，一直容忍他們『不思進取』，忽然就跟他們說『Game Over』，這是非常不負責任的。

此外，因為小白兔對企業價值觀的高度認可，導致他們是企業得以穩定的不可或缺的推力，雖然他們能力有限，但他們卻是企業文化的傳播者和維護者，而企業文化恰恰是很多大型企業所遺失的那部分。

不要懷疑，20年來，我在大陸地區服務過許多大型民營企業，這些企業市值以億為單位，但他們在快速成長的過程中卻沒有留下或統一企業核心價值觀，這是很可怕的，一個企業的文化缺失，就如一個國家的文字和語言沒有被統一那樣，所有人各執一詞，管理幅度越大，溝通障礙和工作障礙就越多。如果再失去這些能說會道、忠愛企業的小白兔們，這個企業才真正會成為『一潭死水』。

對於小白兔，我認為如果真的無法通過培養讓他們能力提升，那就安排他們到適合的崗位去。

其實，相比之下我覺得對於很多企業來說，野狗才是危險性最大的，他們能力優秀，必然會被優待，他們很容易進入高管行列，並以此獲得企業最核心的資源和技術，但因為他們對企業的不認同，他們辭職的可能性遠遠大於其他四類員工，所以就出現，在企業傾盡全力培養他們後，卻養出一群帶著企業資源和核心技術高飛的『白眼狼』。」

　　我們仔細觀察一下周圍，野狗帶「球」跑路的現象並不少見，無論是帶著原班人馬集體跳槽，還是針對性攔截原企業的客戶資源，其實都是一種背叛。

　　但之所以這樣的人如此之多，很大部分原因是企業主們為了自身的利益，大都保持歡迎的態度接納這些帶「球」而來的野狗們，最終致使人才市場野狗氾濫，而這並不是一個好的風氣，對企業來說也是很大的風險，畢竟背叛是種習慣……

2.02

如何管理專業能力
比自己強的部屬？

　　有些時候面對專業能力比較強的部屬是一個非常有挑戰的事。這牽涉到如何進行正確的決策，如何創造部屬的信任和如果部屬抵觸或從事對抗怎麼辦等等問題。

　　在面對專業能力比自己強的部屬時候，請緊記住下面幾個原則。

一、要對自己的角色有充分認識

　　公司並不是要請你來和同事比專業的。用專業能力強的人是強化組織戰鬥力的關鍵。但是你的角色是管理者，你對自己的角色必須要有正確的認知，公司是找你來執行管理工作的。所以你工作的重心不在專業能力而在正確的管理決策上。

二、要建立共同的目標或是戰略方向

　　既然你不是要跟同事比專業，你就不需要針對作法上面的衝突有疑慮，因為既然對方比你專業，你當然應該讓對方全力發揮而不是用外行指揮內行。但是如何確保績效呢？關鍵在於你應該在進行工作前先針對目標與戰略方向進行共

識。只要方向正確，原則清晰，至於作法與手段你就應該讓專業的人去發揮。

三、面對衝突不是是強壓或是辯論而是討論

當然你和專業部屬間總難免會有意見很不一致的情況。這個時候你應該用提問代替簡單的討論或是說服。因為辯論賽是不會有贏家的。就算你勉強讓對方同意了你的觀點，卻有可能造成後期消極的後遺症。因此在個時候需要的是導引技術中的提問來導引對方的想法進而影響結論。

四、傾聽對方意見

縱然如此，雖然有不同的觀點，但仍應該傾聽。尤其面對專業部屬的時候更應該傾聽，來確保自己的知識水準是可以跟上的。

把握住這四個要點，你就可以比較輕鬆的管理好你專業能力強的部屬了。

2.03
如何才能提高部屬的創造力？

　　老王工作中最大的困擾就是他的兩個部屬在做事情的時候總是沒有想法。讓他們想個方案，拿出來的東西永遠是之前用過的方法。每次跟他們說要有創新他們總是說好，但是依然沒有改變。該如何提高部屬創造力，想必是現在很多管理者共同的痛。

　　創造力的提升不是一蹴可及的，需要時間與方法來慢慢協助夥伴們改變。管理者如果期待能夠循序漸進的提升部屬創造力，以下的幾個方法可以嘗試。

一、多看

　　多看指的是大量的讓部屬有機會開拓眼界。所有創造力的基礎一定是來自於廣泛的吸收。不論是看書的自學、外部的參觀、特定單位或專案的考察、和專業人士的交流都可以成為多看的一部分。有輸入才會有輸出。所以創造力的第一步是要創造部屬多看的機會，而且不拘形式的多看。不過有一點要提醒的是，所謂的「內行人看門道，外行人看熱鬧」，建議在剛開始看的時候可能需要給部屬一些明確的建議，例如看什麼，怎麼看等。特別是很多東西都要看細節而非看表像與框架，這時候主管的協助就是非常重的部分了，否則有可能看了一堆東西但都不一定有用。

二、多想

「想」是看完以後的下一個動作。每一次的「看」都不能以「看」作為結束。在「看」完以後還有必須有「想」的過程。每次「看」完以後都需要先讓部屬先列出看到什麼，列完以後再讓部屬「想」。

想那些所看到的東西、事物、經驗和我們本身的工作相關的地方、相似的地方和可以運用與借鏡的地方。想如何將所「看」，轉換到我們的工作上來？想會不會有哪些衝突？有沒有需要修正的地方？或者可以將兩者結合產生更好的結果？因為有「看」在前期作為基礎，這個階段的「想」便相對而言簡單。同樣也要注意的是，部屬這時候雖然開始有想法了，但是可能想的並不完全，甚至會有疏漏，這就需要依賴主管再給予補充和探討。

三、多嘗試

想完以後還要有「試」的部分，否則所有的想法都只是空談。面對許多不同的想法，其實管理者這時候要鼓勵部屬多嘗試，用實踐來證明想法，同時實踐也會有助於對部屬創造力動機產生的鼓勵，在試的階段有兩點是管理者特別需要注意的。

第一個，選擇什麼事務進行嘗試。建議在一開始的階段，選擇嘗試改變的內容可以優先考慮符合下列原則的項目：

1. 簡單的；

2. 時間短的；

3. 見效快的；

4. 投入小的；

5. 風險低的。

因為這樣的嘗試容易看到結果，對部屬而言容易激發動力。

第二個要考慮的是，管理者也需要做好失敗的心理準備甚至要容忍失敗。通常怕的是因為害怕失敗所以過早的介入，或是直接干預或是否定。很多時候失敗也是很好的學習。而透過失敗以後的檢討與鼓勵可以發現許多盲點。因此不必要過多的擔心失敗！

四、有競賽

在「試」的過程，如果能夠有「競賽」的概念配合通常對於創造力可以產生更好的結果。因為有競爭就會有壓力，而壓力一般都會轉變為動力或是創造力。

競賽可以是多組人同時進行。但不是所有的活動都可以有多組人的，因此也有可能只有一個人或是一個項目。但就算是這樣競賽仍然可以有。在單人或是單項目的時候我們可以設定的是目標值的激勵。更短的時間或是更好的結果或是可評量的成果都可以成為目標。

同樣的，在競賽階段也有幾個注意事項：

1. 需要有時間的限制來進行成果評估，建議時間儘量不要太長（周最佳，次為月）。

2. 最好在競賽期間隨時都能展現各組的進度或是現況，讓參與者瞭解自己的位置。

3. 不能有永遠的輸家，如果一開始便輸了或是知道沒有贏的機會，參與者便會放棄參與的動力。如果出現了這種的徵兆，建議可以增加新的目標（較易達成的）來強化動力。

五、有激勵

提升創造力的最後一個步驟就是激勵。激勵的發生不一定只有在競賽結束後。激勵的產生可以在看、想、試、競賽的任何一個環節階段。簡單的說，激勵應該隨時存在。激勵的方式也不拘於形式，一句讚美、一個手勢、一個眼神都可以是激勵。最重要的是，當員工出現創造性行為的時候，我們就應該用激勵來強化這種行為。通常人會因為追求愉快的感受而將特定行為反復性的出現，久而久之就會養成習慣。

你還在為員工的創造能力低落而困擾嗎？不妨試試以上的建議！

2.04
用四招讓部屬更有熱情的工作

對許多的管理者而言，如何讓自己的夥伴更有熱情的工作是目前職場中常見的議題。

我們發現有越來越多的夥伴，在工作上的投入就是當成一個應盡的義務，而沒有工作的熱情。

面對這樣的困境很多管理者會直接用錢來激勵員工。但現實是，你會發現錢的激勵效果通常只能維持短期的熱情，甚至到一個程度以後錢就很難再打動員工。而且對於多數的管理者而言，「發錢」這件事情通常不是可以自己做的決定。

有沒有更好的辦法呢？當然有。

根據很多關於員工工作動機的研究，我們發現除了錢以外，還有四種手段對於員工的工作熱情會有幫助，雖然整體激勵興奮度可能沒有錢來的振奮感強烈，但是對於激勵效果的持久性則會遠遠高於金錢的方式。

哪四種方式呢？分別是：

一、看到自己的成就感；

二、覺得自己很重要；

三、做他喜歡做的事；

四、做他覺得有趣的事。

一、讓員工看到自己的成就感

　　員工缺乏工作熱情往往是因為一件事情做久了，因為沒有看到自己的工作價值所以就慢慢的缺乏熱情。所以如果能夠讓員工看到自己的工作成就往往可以激發起員工的工作熱情。就像是你讓員工覺得自己是在砌一堵牆，還是自己是在蓋一所大教堂，這兩件事的成就感是完全不一樣的。

　　一般讓員工感受成就感的關鍵字是「看到」。透過統計、分享、回饋等方式都可以讓員工看到自己的價值。比如過去的一段時間，每幾分鐘銷售出去多少件的產品，說明了多少的客戶，有多少的使用者等等。或者透過客戶的回饋、感受的分享都會有助於員工看到自己的成就感。

二、覺得自己很重要

　　讓員工覺得自己很重要是工作熱情的一種重要來源，當你覺得在做一件重要事情的時候，通常你會更投入在工作中。而重要的來源在於體驗與感受。透過上上級管理者的親自問候、透過某種的榮譽制度（例如星巴克的黑袍大師咖啡師）、專屬的權利或是管理上授權的運用，都可以讓員工覺得自己很重要。

三、讓他做喜歡做與擅長做的事

　　讓員工作自己喜歡做與擅長做的事情，往往會讓員工

對於工作的投入度更高。所謂的喜歡與擅長往往奠基於員工的天生性格與能力的優勢。具有老虎屬性的員工讓他做更多具有挑戰性的工作並且有機會獨當一面。具有孔雀屬性的員工讓他做更多具有變化性的工作，並且有機會和人互動與協調。具有無尾熊屬性的員工讓他做更多穩定性的工作，並且儘量避免衝突。具有貓頭鷹屬性的員工讓他做更多有清晰標準與目標的工作並儘量避免打擾。如果能夠根據員工的特性稍微調整工作安排的方式，那麼員工就更容易有工作的熱情。

四、讓他覺得工作很有趣

最後一種可以激發員工工作熱情的方式就是讓員工覺得工作很有有趣。而創造工作有趣的方式就是工作遊戲化。所謂的工作遊戲化可以分為兩個層面來看。一種是短遊戲，一種是長遊戲。短的遊戲通常偏重工作中短期的氛圍塑造，透過突如其來的活動、競賽來達成改變工作氛圍的目的。而長遊戲一般指透過工作制度的設計將遊戲的要素，例如PBL（點數、徽章、排行榜）、DMC（動力、機制、元件）插入到工作當中。讓工作變成大型的遊戲活動。

以上的四種方式不論哪一種方式，都會對員工的工作熱情產生積極的提升效果。

2.05
用五個關鍵思考
大幅提升部屬培訓的效益

　　很多管理者都認為部屬能力不夠強就送他去培訓。這個思路基本上也不能算是錯的。但是問題在於光靠培訓就能提升部屬的能力嗎？

　　事實上多數的培訓很難產生效果。培訓的時候可能感覺還不錯，但是培訓後一段時間依然還是會回到培訓前。那麼培訓是不是沒有用呢？其實這個問題的關鍵不僅僅是在培訓的內容而是在培訓對象的主管身上。

　　接下來提供五個能夠大幅提升培訓效益的建議：

　　一、弄清楚培什麼；

　　二、部屬需要認同；

　　三、弄清楚怎麼培；

　　四、先思考怎麼用；

　　五、主管的督導與回饋。

　　首先管理者需要在培訓前先思考一個問題那就是培什麼？管理者會問到，培什麼這個問題還需要問嗎？當然是培養最弱的能力呀！這個答案不完全正確。因為部屬能力的培養不應該只是思考能力強弱的問題，而應該思考的是什麼能力最能促進績效？也就是說，培訓的本質在於提升績效，需要從提升績效的角度來思考培訓的優先次序。

同時管理者也必須要有一個概念，弱勢的能力再怎麼培養也不容易成為優勢的能力。這句話的意義在於，培養部屬的時候也不應僅僅是從弱勢能力改善著手。很多時候需要提升的反而是優勢能力。為什麼這樣說？因為優勢能力才是核心競爭力。必須要提醒主管的是，弱的能力不能輸別人太多，而強的能力必須要比別人強很多才能產生更多積極的效果。

　　第二個關鍵問題在於如何取得員工的認同。參與培訓的人如果沒有覺得自己有培訓的需求，那麼在培訓過程中都會是被動的也不會有任何的思考。這樣的培訓當然無法發生效益。所以在培訓前取得參與者對於培訓需求的認同是一個關鍵的議題。當然如果是優勢的提升，基本上是比較容易得到認同的。但是對於弱勢能力來說就比較困難了。因為多數的人不容易輕易的在主管面前承認自己的缺點。要說服部屬認同自己的缺點或是弱勢能力，往往還是必須從弱點的發生原因著手。其實所有的缺點往往是因為優點的過度發生所造成的。比如說善於找到問題這個優點如果過度就會變成抱怨，而意志力堅定過頭往往會變成固執。因此先描述特性的優點再和部屬討論是否過度的問題，一般而言比較容易被接受。

　　第三個關鍵的議題在於課程怎麼設計。從績效與能力的角度來看，所有的績效結果都會和員工的行為相關。行為不改變結果一定不會改變。因此一個有效的培訓課程設計通常都應該以行為或者是技巧的改善為出發點。當然課程的教導目的有知識的傳遞、觀念的導引等不同的出發點，但是歸結到最後都必須放在行為的調整上。只有行為改變了才會創造

出不同的結果。而如果在培訓中需要創造行為的改變,那麼在課程的設計上,關於行為步驟的指導與練習就是必須要強化的部分。

第四個關鍵思考是所學的東西如何用的問題。如果課程所學在工作中無法被運用那麼學習就浪費了,而且也容易忘記。因此幫你的部屬把所學的內容用起來是很重要的部分。通常我們說以「用」為始,這句話的意思是必須先考慮怎麼用和用的場景,以這個部分為依據來思考課程的設置。同時在課程前就應該同步思考在工作中的運用問題,並且安排好工作中的運用計劃。通常很多培訓的課程都會在課程後讓學員自己設置行動計劃。但是這樣的方式由於員工的設計品質差異較大,往往不能保證運用的效果。因此較佳的方式是在課程前即針對課程的「用」進行統一的設計,課後讓學員統一行動。

第五個也是最後一個最重的關鍵思考就是管理者的回饋。其實一個培訓對部屬要產生效益,他的管理者是最重要的。管理者必須要知道如何協助員工去進行有效的運用,同時並且不斷的將運用的成果回饋給員工。只有做到這種程度,部屬的培訓才能產生效益。

因此現代的很多培訓都會把受訓者的主管先集中起來進行一次積極地討論,讓他們知道如何扮演可以協助員工在工作中發揮與成長的角色。

培訓永遠都是企業成長的關鍵議題,而讓培訓發揮效益則是管理者必須要承擔的責任。

2.06
你的妄斷傷害了多少人？

今天早上我犯了一個錯誤！

早上發了設計稿檔案給同事，檔案的內容是正反兩面的完整設計。但是檔案上的名稱卻是「傳單正面設計稿」。沒多久同事Line問我「背面的設計稿呢？」我回了一句：「你開檔案了嗎？」當後來同事再回我「是不是背面設計不用改」這時候我就生氣了！

我心裡很窩火同事的態度。收到東西應該要確認，沒有確認就算了，提醒了還是沒有做我就很生氣！因為我認為只要你有打開檔案就一定會發現裡面是包含正反面設計的，你為什麼連這種基本動作都不願意做？

可是後來我才知道原來同事是直接用手機打開檔案的，手機的格式和電腦不一樣，所以同事無法判斷檔案裡面同時有正反格式的。在弄明白以後我突然對我自己的判斷感到羞愧。原來我也是常常妄斷別人！

你有沒有那種經驗，就是當事情發生的時候你覺得「一定是……」，結果卻不是你想的這樣。這就是妄斷。

在管理者心中很容易對眼前的事物會有主觀的看法或是判斷，這樣的判斷通常是基於過往的成功經驗或者對事物的合理假設，在很大一個範圍通常是對的。但是天底下沒有絕對的事，總會有在經驗範圍外發生的，而這時候就很容易產生誤解。除了對事的誤解以外，這種誤解也會影響我們對他

人的評價，甚至改變我們的溝通模式與習慣。

　　通常在妄斷的狀況中，我們會變得更強勢、更沒有耐心、不願意聆聽，還更有攻擊性。這就會導致了夥伴們的受傷與委屈，甚至對主管認同度降低，影響夥伴的工作積極性與熱情。通常妄斷也很容易造成夥伴與管理者的情緒緊張甚至疏離，嚴重的情況下甚至容易造成對立或是對抗的狀態。

　　為什麼會有妄斷的狀況發生？通常來自我們的自信心和過往相同事件的經驗，另外有的時候對人的偏見認知，或者我們自己的壓力下或是工作焦點不同，也都容易造成在溝通過程中的妄斷。

　　要解決這種狀態通常要建議管理者事前避免妄斷、事中降低妄斷的機會、當發現自己妄斷的時候要進行事後補救。

　　通常事前避免妄斷就是遇事不要輕易下結論，盡量對人不要帶有偏見，或是過多的用過去的經驗來判斷。管理者應該要養成用事實來判斷的習慣而非用經驗判斷。經驗只應該是輔助我們判斷的工具，而非做成結論的依據。

　　不過總的來說，由於管理者通常都具備非常多的經驗而且又忙碌，所以妄斷的狀況總時有發生，所以在這邊分享幾個小的技巧，讓工作中的妄斷就算發生但是可以降低影響或是盡量不造成傷害。

　　1. 面對夥伴們對於溝通的回應如果不符合自己期望的時候，可以先用提問的方式請夥伴澄清，而不是直接下結論「你為什麼……」。

　　2. 在提問的過程中避免結論判斷式或是情緒式的提問。例如在我們前面的案例中你不應該問「你是不是沒打

開檔案」，或者「你為什麼沒打開檔案？」而是行為澄清的提問「檔案打開了嗎？」「你看到甚麼？」

3. 甚至當你發現可能有問題的時候也可以不帶有情緒（因為妄斷了，所以我們容易帶上情緒……）的直接將問題或是說法明確說一遍。你就直接回答「檔案裡面包含……」）

4. 管理者應該更有耐心的完整傾聽夥伴的想法而不打斷。

這些做法會有助於管理者降低妄斷所造成的影響。

最後當管理者發現自己妄斷造成對員工的傷害或是情緒的時候，建議主動對員工澄清與說明，以避免情緒的擴大。

管理者的「妄斷」往往會對夥伴造成很多負面的影響，今天的你「妄斷」了嗎？

2.07
害羞的孔雀與溫柔的老虎
（心理測驗中常見的誤區）

現在許多的管理者都喜歡幫部屬做個心理測驗，目的是為了更好的掌握部屬的特質並根據部屬的特質來做更好的管理。你幫自己或是部屬做過心理測驗嗎？那麼你測驗出的結果是什麼？外向的孔雀？還是兇猛的老虎？

現代人面對不確定與快速變化的環境，對自己越來越不瞭解。但每個人又都希望對自己能夠多一點的認識以發揮所長（其實更多的是希望找到一種肯定），所以在網路上各式的心理測驗就非常的風行。

但心理測驗可靠嗎？心理測驗對我們是否真有幫助？答案是肯定的（可以參考一本書：《發現我的天才》，商周出版社），只要你能避開心理測驗中常見誤區。

通常個人在使用心理測過程中容易出現的誤區有下列幾種。

第一個誤區：用心理遊戲來做心理判斷

心理遊戲是遊戲，看起和心理測驗很像，但畢竟不是心理測驗。很多電視上的碰到什麼什麼，然後怎麼反應等，基本上都是心理遊戲。既然是遊戲，其結果也只能一笑置之。心理遊戲和心理測驗最大的差異是，心理測驗是一門科學，

每個心理測驗都必須有大量基礎研究和數字論證。而多數的心理遊戲都屬於情境類推的經驗法則。因此在結果的可靠度上自然不同。一般我們用測驗背後的信度、效度、常模、鑑別度等訊息，來決定測驗的價值。

第二個誤區：被暗示的性格特徵所影響

很多心理測驗為讓結果與應用能更淺顯的讓受測者明白與掌握，所以使用很多的形象代稱，例如孔雀、老虎、獅子等來進行描述。初衷是好的，並且讓心理測驗更容易被使用。但往往沒有提到的是，性格的形成與表現會有許多差異，並且在不同條件下產生變化。過度的用形象來描述性格，會產生暗示與導引的效果。本來是小老虎，有可能變成大老虎。本來可以很溫柔的，會突然覺得要變得更兇猛（這樣比較符合形象）。甚至，當我們認定一隻大熊貓特質的時候，我們也就同時認定用對付這種特質的方式來做行為的應對，而缺乏彈性。

第三誤區：缺乏對性格程度的判斷

許多測驗在電腦化後，基本上用電腦來進行判斷。但是電腦的判斷與人為的判斷相比缺乏了彈性和許多關係對照的比較。電腦習慣用很多文字來描述你的性格，但對這些性格只有定義而缺乏對程度的說明。其實性格是有強弱的，在很多不同條件下，強弱的判斷差異會很大，容易讓受測者對自

己真實的性格產生誤解。同時性格也是對照比較的，要比對周遭的人才能更分辨性格的差異。

第四個誤區：追求完美的測驗結果

很多人都希望可以找到完全符合自己認知的心理測驗，所以就不斷嘗試各種心理測驗。越做越多，每一個的結果又有差異，哪一個才是真正的我呢？其實多數的心理測驗，如果能符合前面所提到的信度、效度、常模、鑑別度的要求，同類型的測驗做出的結果雖不可能完全一樣（就算同一個測驗隔個幾天再做一次也會有差異，更不要說不同的測驗），但整體來說一定大同小異。要知道測驗只能給個輪廓性描述，而非精準到每個細節。人的性格在不同的環境下也都可能出現極大差異，所以做的測驗越多只是給自己越多的困擾。

第五個誤區：對性格穩定性的誤解

性格會改變嗎？這是個有趣的話題，這也是心理學家長期關注研究的重點。性格是會改變的，隨著環境、時間而產生變化。有些時候是環境的要求（工作壓力或是生活環境，有些人在工作時的性格表現和生活中都會有差異），有的時候是自我的調整。唯一的差異是有些性格容易改變有些不容易改變，有些性格的改變是短暫的變動，而有些性格的改變是長期穩定的變動。

第六個誤區：心理測驗使用時機與條件的差異

　　事實上心理測驗的結果和使用的時間和條件有很大的關係，當你處在人生轉捩點的當頭，在面對重大的失敗、挫折或是抉擇的時候，心理測驗的結果肯定與平常不同。當你心情很好和心情不好、當測驗結果對你有重大的影響、當你在受限制的環境中施測，心理測驗的結果有會有很大的不同。也就是說會有太多的外在因素影響到心理測驗的結果，使結果產生偏差。

　　看了這六個誤區，難道心理測驗就沒有價值嗎？當然不是。如果能夠明白心理測驗常見的誤區，避開錯誤運用，心理測驗對於幫助我們瞭解自己，尋找可能造成問題行為的原因，與發現自己的特質運用的方向還是有很多幫助的。

2.08
在職場叢林中，若不能 當好動物飼養員你就輸了！

　　不同的人會有不同的性格，不同的性格你需要用不同的方法去進行管理。

　　你很難用一套手法去管理所有的人。

　　因此想要成為職場中表現突出的管理者，首先你就必須要學習一套職場叢林中的動物飼養員的手段。

　　我們今天主要探討的是不同夥伴的工作安排、適合的工作型態和工作管理的差異。

從工作安排的角度來看工作

　　老虎型的夥伴通常更期望透過工作展現自己的價值，因此在安排工作的時候通常需要的是有些挑戰性的工作任務，在設定目標的時候也可以適度地調高一些目標，這樣對老虎型的夥伴而言更能感受到自己的價值。

　　孔雀型的夥伴通常更喜歡多樣性的工作，因此在安排工作的時候可以思考在變化性上面多一點彈性，並且提供多一點的自由度。

　　無尾熊型的夥伴通常更喜歡安全穩定的工作，因此在安排工作的時候可以儘量提供持續性較高、相對有秩序的工作內容，降低工作中的不確定狀態。

而貓頭鷹型的夥伴通常更喜歡工作標準與規範原則清楚，因此在安排工作的時候有非常清晰的準則或是對要求精準描述都是重要的。

而從工作型態來看

　　一般而言，緊急型的任務與困難度、不確定性高的任務通常交給老虎型的夥伴是較為適合的安排。而臨時性的任務，需要大量溝通的任務交給孔雀型的夥伴一般表現會很好。較為重複的、單調的或是瑣碎的任務通常無尾熊型的夥伴能夠高效的完成。這邊特別要說明的是，無尾熊型的夥伴也未必會特別喜歡這種重複、單調的、瑣碎的工作。但是通常卻只有無尾熊型的夥伴對這種型態的工作有機會堅持。而如果需要考慮細節的或是重邏輯的工作，一般交給貓頭鷹型的夥伴最為適合。

最後我們來談談對這些夥伴的工作管理

　　在談工作管理的時候一般我們從兩個項度來思考：授權與督導。所謂的授權是給夥伴在工作中自由決策的空間有多大。而督導指的是當工作交付給夥伴以後對他的監督頻率有多高。

　　一般而言對老虎型的夥伴在工作管理上採用的是高授權、低督導。首先要先說明的是，這裡所指的高或是低通常是相對而言，並沒有絕對的參考值。而且也會受夥伴成熟度的影響。對於老虎型的夥伴而言，總是希望有機會展現自己獨當一面的能力，所以在能力能支撐的前提下可以給予更多

的授權空間，而督導的頻率也需要相對地降低，過多的督導會影響老虎的工作熱情。

而對於孔雀型的夥伴而言，工作的授權也是和老虎一樣需要較大的自我空間，但是和老虎型夥伴不一樣的地方是在，對於孔雀型的夥伴在督導上需要比較高的頻率。孔雀型的夥伴有些時候在工作上容易越界，並不是故意的，主要仍是從他的角度來說可能是更佳的選擇。但是這個所謂的更佳未必和主管相同或是有可能有主次的問題。所以需要用更高頻率的督導來確保。還好的是，孔雀型的夥伴對高督導通常不至於太反感。

而對於無尾熊型的夥伴來說，工作管理就和老虎和孔雀完全不同。因為無尾熊要的是低授權與高督導。對無尾熊而言，低授權是種安全性高的工作環境，而高督導代表著領導的關心。所以低授權與高督導的管理方式對於無尾熊特別覺得自在並會有激勵的效果。

最後對於貓頭鷹型夥伴的管理則需要採用低授權與低督導的方式，讓貓頭鷹在安全的環境中工作同時又不用常被主管的督導所干擾，往往能讓貓頭鷹夥伴更佳喜歡這樣的工作型態。

掌握了這些技巧，你就會有機會是一位好的動物飼養員，進而讓你在職場叢林中脫穎而出！

2.09

常和人才談願景但沒用，是因為你沒有在對的時機談！讓你快速分辨5種談願景的場合

　　張總很喜歡在招聘的時候和人才談談他對公司經營的理念和未來發展的願景。但是後來他很疑惑的問我，為什麼我談了那麼多的人卻發現大多數人不關心公司的願景呢？難道公司未來的發展對他們而言不重要嗎？

　　當然不是不重要，只是談願景的時機不對而已。對許多面試的人而言，解決現階段的生存壓力才是最重要的事情，談夢想太遙遠。

　　組織或是經營者的願景往往能成為支撐組織成長的重要動力。透過願景我們能凝聚人才的戰鬥力、工作的熱情，同時也會有助於對於工作的投入與執著。但是你必須要知道的是，並不是隨時都是適合談願景的時機。只有在某些特定的情景下和你的夥伴討論願景才有可能創造出最好的效益。

　　以下介紹五種最適合和你的夥伴討論願景的場景：

　　一、當你要帶著一群認同你的夥伴向前突破的時候；

　　二、當你要挖角一個特別資深或厲害的人才的時候；

　　三、當你碰到有情懷的人才的時候；

　　四、當你碰到崇拜你的人的時候；

　　五、當組織碰到外部環境危機的時候。

第一個場景：當你要帶著一群認同你的夥伴向前突破的時候

很多時候在穩定的組織中，由於安逸與舒適，組織的夥伴容易失去動力而且不喜歡改變。因此組織的效能自然就會越來越低落。這個時候如果領導者可以和員工共同討論新的願景與目標往往有機會可重從新的燃起組織動能。但是切記這時候的組織願景需要全體共同的參與並且能讓所有夥伴都興奮起來，否則一廂情願的願景未必能達到好的效果。

第二個場景：當你要挖角一個特別資深或厲害的人才的時候

當你要挖角特別資深或是特別厲害人才的時候願景就特別的有用。那些特別厲害的人才普通的薪資福利待遇或許已經不足以能夠吸引他的投入，而高昂的成本也未必是企業想負擔的。因此一個可以燃起內心曾經夢想或是實踐人生夢想的願景往往可以成為撬動資深人才的關鍵方式。

第三個場景：當你碰到有情懷的人才的時候

對大多數的人而言，工作不外乎在取得更好的機會與條件來滿足人生的需求與價值。但是對某些人來說工作的意義卻不僅止於此。有些時候夢想的追求與存在的意義才是真正的生活價值。因此如果當你發現某一個你的談話對象對於夢

想是有渴望的，對於某種信念是堅持的時候，或許談談願景是一種很好拉近彼此距離的手段。

第四個場景：當你碰到特別崇拜你的人的時候

往往領導者有機會成為某些夥伴的偶像，這樣的存在很容易成為夥伴動力的來源。你的某些部屬會把你當成明星一樣的崇拜。對你信念、夢想與價值觀會有很高的接受度。因此當有人特別崇拜你的時候，願景可以發揮驅動的效益將會是大得驚人。

第五個場景：當組織發生危機的時候

當組織碰到重大挑戰或是危機的時候，組織內部往往是惶惶不安。看不到未來的希望通常會成為擊潰組織動力的最終殺手。這時候的領導者如果有機會在部屬面前針對未來發展的願景娓娓道來，將可以有機會發揮穩定人心的效用，維持組織的氛圍、凝聚組織的力量來支撐面臨危機的挑戰。

組織願景或許只是一個夢想，但是偉大的夢想可以有機會成為支撐組織發展的重要動力來源。唯一的問題是你挑對人與挑對時機談願景了嗎？

如何才能讓員工死心塌地的跟著你？

有個主管問我一個問題，如何才能讓我的部屬死心塌地的跟著我呢？

我想這個問題的答案是每個主管都特別期待想要知道的事情。

好像很難，因為現在的主管似乎越來越不懂員工，總是不懂他們在想些什麼。而員工的距離也和主管越行越遠，只剩下表面上的笑容與禮貌（有些時候連這個也沒有）。

如果你想要讓你的員工死心塌地的跟著你，建議你要扮演好四個主管的角色。你如果能做好這四種角色扮演，絕對能讓你的部屬死心踢地的跟著你。

這四種角色是：

一、知音（懂得）；

二、鐵粉（欣賞崇拜）；

三、酒友（玩在一起）；

四、伯樂（成就）。

第一個角色：知音

所謂的知音是瞭解部屬。瞭解不是只單純的瞭解他的年齡、資歷、專長而已。

知音的角色更多的是「懂得」這四個字。所謂的「懂得」是指你懂得他的想法、期待、擔心、害怕、他的原則、價值觀與追求等等。所謂「懂得」是指你知道在他做出的每個決策與行為背後的原因與考慮。如果你真的能夠「懂得」，你自然能和員工打成一片。大部分的員工或主管的距離來自於「你不懂我」。如果現在的消費場景越來越偏向描繪消費者的內在世界來打動消費者，那麼我們更應該花心思去讀懂我們的員工。當你讀懂員工以後，你自然不會因為員工的行為、選擇與答案去驚訝了。

　　但是這邊有另外一個提醒，就算你「讀懂」了員工，也請不要輕易地說服員工改變，很多管理者會習慣強加自己的價值觀給員工，告訴他們對錯是什麼。其實這就是沒有「讀懂」的表現。每個人的選擇都是根基於他的價值觀，你可以正大光明的要求員工配合你的工作指令與任務安排，但是千萬不要輕易地把自己價值觀強迫員工去接受，否則你永遠當不成員工的「知音」。

第二個角色：鐵粉

　　對待你的員工，你必須要變成他的紛絲，還必須是鐵粉。

　　什麼是員工的鐵粉？簡單的說就是你要能夠欣賞與崇拜你的員工。這裡面的行為包含了讚美，眼神的崇拜和盛大的歡迎，還要有驚聲尖叫。對於讚美這件事要小題大作，很多主管不是不會讚美，而是讚美得太簡單、太敷衍。員工可以

很輕易的從你的眼神和肢體動作來判斷你讚美的真誠度。他必須要對你的讚美有感動，這時候炙熱的眼神和崇拜的目光就變得重要起來了。沒有人不喜歡被崇拜，你需要像崇拜偶像一樣的去崇拜你的員工。員工會不會因此變得驕傲起來，變的目中無人？記得你才是幕後的推手，你必須像是經紀人一樣的將他們推到舞臺的前端，但是卻都在你的掌握之下。將功勞歸給你的夥伴。至於員工會不會膨脹，這就是對他品行最好的觀察與考驗。當然記得在盛大歡迎與驚聲尖叫上也不要做得太過，讓他覺得尷尬就不好了。

第三個角色：酒友

　　酒友不是讓你去和員工喝酒，酒友的意思你必須和員工有些共同的興趣與愛好，簡單的說就是相同的經驗與相似性。當人有共同的愛好與興趣就自然容易相處與拉近距離。你會說我下面的員工那麼多，怎麼可能和每個員工都有相同的愛好，另外我為什麼一定要改變自己的愛好去配合員工呢？也不是要求改那麼多，但是像知音一樣總要能理解他們的興趣。另外其實很多的興趣是會有共通性的，當身為管理者的你可以和員工玩在一起的時候，自然員工也就會和主管有更多的黏性。

第四個角色：伯樂

　　你要能當員工的伯樂，這個角色和前面其他角色最大的

差異是，你必須懂得甚麼時候把員工推到什麼位置上，同時不斷的幫員工創造機會，並鼓勵他們去挑戰機會。要扮演好這個角色，你必須要先把前面三個角色扮演好，這樣你才能在適當的機會推動員工去做適當的事情。記得當你能夠不斷幫員工創造出成就感的時候，員工自然也會願意死心塌地的跟著你。

　　如果一個管理者能夠把上面的四種角色扮演好，自然不用擔心員工能不能死心塌地的跟著你。

2.11
當空降管理者遇到組織刺蝟時，包容救不了你！

　　前幾天一個夥伴來找我提到，他是一個空降的管理者。他到這個部門已經有半年多了。這半年中在他的帶領下部門的業績有著明顯的改變。但是讓他痛苦的是部門中一位資深的夥伴始終對他是有敵意的。不僅在工作上不配合，每次討論中的時候態度總是很尖銳，有些時候甚至直接拒絕配合對工作的相關要求。

　　夥伴來找我，想聽看看我能不能給些意見。

　　很多空降型的管理者認為，當面對原來部門資深員工的質疑不信任或是挑戰行為的時候，作為一個好的管理者需要用最大的包容與耐心去面對與化解彼此關係中可能的裂痕。畢竟自己是屬於外來的管理者，自己很多時候在資歷與經驗上可能還有不足。更多的管理者也不斷提醒自己在面對部屬的時候須要有同理心。

　　以上的觀點基本上來說正確。

　　但是我的疑惑是，這樣就能夠化解空降型管理者所面對到的敵意與挑戰了嗎？

　　似乎還不夠。

　　如果前面所提到的包容、耐心和同理心能夠產生效果，當然這樣還不錯。但是如果不能產生效果的時候管理者又該如何去面對呢？

我個人的觀點在其中的同理心。為什麼說是同理心呢？因為同理心並不僅止於你同理對方而已。一昧的同理也未必是正確的。同理心也應該包含了讓對方能夠理解你與同理你。

管理者有些時候花了太多時間在包容與退讓上，但是因為本質的原因沒有解決。所以導致了很多的問題會一再反復的出現。那麼本質的問題是什麼呢？不是就事論事的工作，而是資深員工所表現出的態度。很多管理者習慣會把焦點花在事上面，而非態度或是內在的想法上。因為覺得這個比較飄渺而且不容易處理。但是本質的問題沒有得到解決，表面的問題永遠會不停地出現。

要怎麼做才有會有機會改變？

管理者要做的第一步是要讓對方理解你。

通常我會建議用下面這一段話作為談話的開始：

我注意到XXXXXXXXXXXX（說明一次和同事對話的具體描述，什麼時候什麼事情，他當時說了什麼），我相信你是沒有惡意的，但是我的感受是XXXXXXXXX，你怎麼看？

你需要在這個時候清楚描述你的感受，但是不要把員工的行為當成故意的或是惡意的。

這個時候多數的員工可能會說我是就事論事呀、我就是這樣覺得的、我就是這樣說話的呀、你太敏感了……等等。

請注意，不論你的夥伴這時候怎麼回答這個問題，你都不需要在他的答案上去做太多的回應與討論。你只需要回答

「理解」兩個字就好。

你只需要關注一件事情，他有沒有覺得這件事很重要或是不太好，還是他覺得無所謂。如果他覺得很重要或是不太好，那你可以繼續往下探討。如果他覺得無所謂那麼你就需要在這件事上面繼續導引描述你的感受。

導引的話術包含了，我相信你既然在討論的時候提出了觀點，一定是覺得自己的觀點很重要希望對方可以接受，對嗎？你覺得如果能夠注意對方的感受會不會更有助於推動你的觀點？

因為每個人本來都不一樣，不管大家意見是否一致，但是你認為是在大家都愉悅的情景下溝通會比較好，還是大家都有情緒的情景下溝通比較好？

你覺得是需要讓你的意見得到重視比較好，還是你只是想要有說就好？如果有機會讓你的意見得到重視，你會不會更開心呢？那麼你認為大家在什麼心態下會比較有機會讓你的意見得到重視？

當對方認同這件事很重要（說話的內容所造成的對方感受）時，你再繼續帶著他探討能做什麼樣的改變。

記得，前面的問句示範中，每一套的導引話術都包含了幾個小問題。在對話的時候一次問一個問題就好，不要一次全部的問完。

一昧的寬容、耐心與退讓不一定能解決組織中敵意的問題。但是導引夥伴思考有效對話的方法，並且讓對方理解你卻能夠有助於問題的改善。

別傻了！
你以為常常讓員工「喝雞湯」，
就能讓員工「擁有強健的體魄」？

　　這幾天上課的時候有人問我，主管該不該常常讓員工喝「雞湯」？

　　當然應該呀，驅動部屬的正向思考與工作積極性本來就是管理者的責任之一。

　　但是常喝「雞湯」有效嗎？會不會喝久了就失靈了？

　　當然，會有這個問題。老是灌雞湯，但是卻沒有實質性的變化，雞湯喝久了當然會無效。因為誰也不是傻子。但是這卻不是雞湯的問題，而是我們在讓員工喝雞湯的過程少了幾味藥引。搭上幾味藥引，你會發現雞湯真正的效益就發揮出來了。

　　藥引一：喝雞湯的同時要導引行為的改變。

　　藥引二：喝完雞湯要即刻設立小目標。

　　藥引三：只要員工有進步或是改變就給讚美或是鼓勵。

藥引一：喝雞湯的同時要導引行為的改變

　　喝雞湯不是目的，導引行為才是目的。因為行為不改變結果就不會改變。而雞湯是驅動員工願意改變的要素。多數

的時候雞湯可以讓員工在一定的時間內（通常不會太長，有一到二周就不錯了）維持比較好的工作態度與動機。如果能藉著這個時機讓員工產生行為的改變，那麼很快就會產生不一樣的工作結果。而這樣的工作成果就會再形成驅動員工的力量，最後形成正面的動力循環。如果只是給員工喝雞湯而沒有介入到行為的改變，那麼等雞湯的效益過去，員工就會發現還是一場空。

藥引二：喝完雞湯要立刻設立小目標

在喝完雞湯的瞬間，員工會充滿活力、動力與高昂鬥志。覺得事事都充滿了機會，凡事皆有可能。這時候最容易做的事情就是立下一個偉大的目標。偉大的目標當然好，但是唯一的困難就是「很難」。通常偉大的目標需要持續的堅持，並且忍耐挫折，而且不容易短期看到效果。（我們常說任何一件偉大的事情都是需要經過好幾年持續的奮鬥才能達成的。）因此你可以這樣說，在偉大的目標面前，短期你幾乎看不到任何的變化。同樣的如果員工在喝完雞湯以後訂下的是偉大的目標，那麼你幾乎可以斷定，當雞湯的功能消退以後留下來的，只是無盡的惆悵，和一個回到原點狀態的員工。所以如果能夠在員工喝完雞湯以後立刻讓員工設立幾個容易達成的小目標，則喝雞湯的效果就又不一樣了。

所謂的小目標，一般泛指那些容易在短期內實踐的工作或生活目標。通常越簡單、越容易、耗時短，就都是好目標。小目標能夠容易達成，小目標能夠看到績效，小目標積

累的越多就越有機會達成大的目標，同時也會讓員工充滿信心。古人說的「千里之行始於足下」就是這個道理，因此用小目標作為藥引，在員工喝完雞湯的時候作為輔助，可以讓雞湯發揮更好的效益。

藥引三：只要員工有進步或是改變就給讚美或是鼓勵

員工沒有辦法靠自己一個人去戰鬥，每個員工都希望得到主管關愛的眼神。因此當員工在喝完雞湯以後的行動或完成小目標的時候，如果能夠得到主管真誠、熱烈的肯定與鼓勵，那麼就會激發起員工更大的動力去行動與改變。這個時候你甚至可以說，讚美與鼓勵就是激發員工爆炸動力的導火線。

有了這三個藥引，雞湯就能發揮真正的效益、長期持久的效益。沒有藥引的助力，喝再多雞湯也沒有用。因此不是雞湯沒有用，是你不會喝雞湯！

2.13
培訓這樣做，一定沒有效！

很多企業管理者在提升員工能力上的最大心結，就是覺得利用培訓來提升員工能力看起來是解決企業問題或者幫助企業成長必要的手段，總是覺得員工的能力不足以支援企業發展所以想要透過培訓來解決。但，每次培訓完了以後又會發現培訓沒有多少效用，員工的行為與能力依然達不到主管的期待，因此許多的管理者對培訓簡直是又愛又恨。

相信我，培訓一定沒有用。如果在整個培訓計劃中出現下面我們行為中的任何一種，都有可能讓你的培訓陷入打水漂的風險。

一、沒有針對績效出發；

二、沒有讓學員有意願；

三、課程設計沒有方法；

四、課後主管沒有支持；

五、只有單純培訓手段。

一、沒有針對績效出發

很多時候培訓的最大問題在於培訓議題的選擇。多數人在選擇培訓議題的時候都是從員工弱項提升的角度來選擇培訓主題。

單純從員工的弱項來選擇培訓議題容易出現的問題是，弱項再怎麼培訓頂多達到改善的效果未必能夠快速地提升績效。事實上，每個人都會一些能力是弱項或者能力並不達標，但是如果你仔細觀察就會發現，不論公司或是團隊的大小很多時候這些弱項能力是普遍存在於大多數的企業中。

　　而當企業期望快速創造績效的時候，改善了這些弱項能力也不一定能產生改善績效的成果。

　　那麼培訓的主題該如何選擇呢？答案很簡單，從績效的角度著手。企業培訓的選擇不是單純的主管覺得需要什麼，更重要的是哪些行為影響了績效，從影響績效的關鍵行為著手進行培訓，才有機會快速地用培訓來創造績效。

　　要怎麼找出什麼是影響績效的行為呢？很簡單，比對一下那些高績效員工所具備而低績效員工所沒有的行為，找到那些差異的部分就是了。

二、沒有讓學員有意願

　　影響培訓成果的第二大原因是學員沒有培訓的意願。課程再好，當一個人不願意學習的時候培訓都是浪費。我常常在很多企業培訓的時候發現任憑老師在臺上講得慷慨激昂，但是卻有很多人卻只是低頭玩手機。這樣的培訓效果自然不會產生效益。為什麼員工不願意參與培訓，答案不外乎被強迫參加、自己覺得沒有需要、學了也沒有用等原因。要解決這個問題，需要做到在培訓前讓學員清楚地瞭解自己能力的差距，讓員工清楚的知道培訓後能產生的效益。有些時候還

可以有些激勵方案讓學員主動的產生培訓意願。這樣子才可能產生有價值的培訓。

三、課程設計沒有方法

目前很多企業的內部培訓都是以講師說為主。相信我，對現代的員工或是成人的教育而言，單純用說的手段已經無法產生培訓的效果。一場有效的培訓是須要有互動的，讓學員有思考的機會。只有學員開始思考培訓才能產生效益。因此在課程的設計上需要更多透過互動、遊戲、競賽、挖坑的方式讓學員參與。記得，一開始就知道結局的電影永遠不是好電影。

四、課後主管沒有支持

很多的管理者認為，培養員工就是把員工送去上課，這就完成了管理者的責任。殊不知，多數的課程基本上不能產生效果的本源就是主管的這種心態。因為主管的責任其實是從員工培訓完成後才開始的。所有的學習如果沒有用的機會，沒有針對運用的狀況給予反饋與激勵，大多數所學到的知識與能力都會在短短的三十天中被遺忘。所以主管有責任在員工的培訓完成後針對員工的所學去創造能夠運用的場景與機會，同時不斷針對員工運用的好壞給予反饋、修正建議、鼓勵與讚美。這樣才能有助於學習的深化與記憶，並且對工作產生直接的貢獻與價值。

五、只有單純培訓手段

　　其實培訓只是學習的一種手段，甚至可以這樣說培訓是很浪費錢的手段。因為要把那麼多的人聚在一起，不僅有時間成本、交通成本還有人力成本等等。所以正確來說，課堂式的培訓很可能不應該超過所投入培訓資源的10%。而除了課堂式的培訓外任務、交流、考察、觀摩、讀書、指導、分享……等都是培訓的手段。只有將培訓設計得更多樣化，才有可能得到更好的培訓成果。

　　如果你還在為培訓頭痛，覺得培訓沒有成效，不如從上面的五個方向中找找答案。

2.14
面試中的誠信正直

　　客戶提出一個重要的要求，協助他們判斷求職者的誠信正直。最好能用測驗測出來，不行的話就教他們怎麼在面試的過程中判斷。

　　誠信正直這是一個好玩的議題。因為每個企業老闆都關心它，也重視它。但是誠信正直怎麼判斷？

　　用心理測驗？很困難。在心理測驗中我們是可以測出一個人的社會期許程度（意指一個人為了滿足他人對自己的期望而做出修飾的程度），但是我們不能把社會期許程度高的人就說他不誠信不正直（這就好像你說外向的人容易信口開河一樣，不完全相關）。而且對很多工作來說，也必須要有較高的社會期許才較容易有好的表現（例如業務性的工作）。

　　用行為面談？只能滿足部分。一個人在應試過程中關於不誠信正直的行為只有兩種類別，第一種是把沒有做過的說成有做過的，第二種是把有做過的說成沒有做過。在行為面談的結構中，比較容易判斷的是第一種行為，把沒有做過的說成有做過。只要有技巧的追問細節，這個部分還滿容易識別的。但是關於第二種把做過的說成沒有做過，例如收賄款啦、假公濟私等，你想誰會在應試的過程中傻到承認這些事？既然不承認就沒有細節可以追問，行為面談自然無法發揮。

那怎麼辦呢？高科技一點的方法用個測謊器，比對聲紋的壓力反應，或者用微表情來判斷（想學的話，簡單的方式是回家看個美劇《Lie To Me》），練練功看能不能從應聘者的微表情中瞧出端倪。不過這兩種方法，好像都不太現實。面試中用測謊器大概所有的應聘者都會被嚇跑。看《Lie To Me》就會學會微表情的識別，那麼滿街都是心理學博士了。

　　比較具有實踐性的方法是資歷查核。等等，看到這句話你是鬆了一口氣還是覺得有更多的疑問？沒錯，如果只是用你現在的資歷查核方法，核對背景資料，問問工作狀況，那麼我建議你還是算了。現在的應聘者如果不會先準備好資歷查核的安排，那麼他一定還是個新手。

　　有效的資歷查核，是輔助確認求職者誠信正直的重要手段。什麼叫做有效，就是在資歷查核的過程中請你也必須要用行為面談的方法詢問對方來檢核應聘者的關鍵行為，這樣子就比較有點機會問出線索。

　　最後，在判斷應聘者是否誠信正直的過程中必須要很嚴謹，沒有足夠的證據不能輕易的說對方不誠信正直。但是你可以在每個不確定的地方打個問號。當問號很多的時候，如果可以你還是優先任用問號比較少的吧

2.15
8090的議題

　　隨著80、90進入職場，企業流行的管理議題中多了一個和80、90後的管理相關的話題：

　　80、90後的員工不好管；

　　80、90後的員工不耐壓；

　　80、90後的員工很自我；

　　80、90後的員工很隨性。

……………………………

　　越來越多批判的觀點將80、90後推到了話題的批判舞臺。很多知名與不知名的專家開始紛紛大談80、90後：

　　80、90後的心理特徵；

　　80、90後的行為解析；

　　80、90後員工如何覺醒；

　　主管管理80、90後的法寶……

　　80、90後頓時成為影響企業成長的關鍵因素。

　　每個時代都有自己的核心潮流，抓到了、掌握了才有機會更上層樓。

　　但是我個人覺得80、90後，

　　只是議題而不是問題，

　　只是機會而不是威脅。

隨著時代的發展，他們終將成為這個社會的核心價值。

因此與其討論如何面對與解決80、90後的問題，不如思考如何掌握與運用80、90後的價值。

80、90後，

比我們懂得運用資訊工具與方法；

比我們懂得用更簡短的方式溝通；

比我們懂得這個世界的所有變化；

比我們懂得適應變化與不確定性；

比我們懂得褪去面具並彰顯自我。

這群人很多事情懂得比我們還多。

2.16
辦公室小天使手冊

老天使說：辦公室的環境好像很一般，人與人間的距離太遠，聊來聊去話題總是很無趣、老闆太壞、炒股太忙、上班太遠、團購太亂、薪水太少、中午便當太簡單、工作又太無聊。讓我派個小天使到你們中間，好好運用他，你們就會心情有趣、工作有勁、同事有樂、臉上有笑、心中還有感動。原來辦公室的生活也可以很不一般。

一、尋找小天使

1. 每周幫每個員工安排2位的小天使（一位公開明示，另一位不公開）。
2. 如果部門人少可以混合一些部門共同舉行。
3. 小天使的產生以隨機抽籤為原則。
4. 每個人都有責任擔任別人的小天使，也同時成為其他小天使的小主人。
5. 小天使的有效期（任期）為7天。（最多，短點也不錯）
6. 每周重新安排小天使。
7. 小主人在周末幫小天使評分。評分的結果視公司規定列入績效參考。
8. 績效最差小天使將受到懲罰。

二、小天使的責任

1. 小天使有責任讓小主人開心。

2. 小天使要在小地方讓小主人感受到很貼心與溫馨。

3. 小天使有責任默默幫助小主人。

4. 小天使有責任不留痕跡的讚美、鼓勵、支持小主人。

5. 小天使有責任完成一個小主人在合理範圍內的心願。

6. 明示的小天使應儘量配合小主人所提出的勞務服務需求（合法與遵守公司規範與道德操守的範圍內）。

7. 小天使有責任定期打招呼或問候小主人（明示或暗示）。

8. 小天使有責任傾聽小主人的苦水並為其保密（明示者）。

9. 小天使與小主人互動的行為請不要在工作時間內明目張膽的進行（要悄悄的）。

10. 若過度明目張膽導致影響工作將處分小天使。

三、如何做個好的小天使（小天使守則）

1. 小天使應該要每天多次的關心小主人的狀況（特別注意其臉部表情）。

2. 小天使應該主動的和小主人打招呼（千萬記得要面帶微笑）。

3. 發現小主人心情不好，要儘量先瞭解原因，並提供範圍內的協助。

4. 和小主人聊天的時候，儘量從正面的角度給予信心、打氣（例如很棒的、你可以的、一定沒問題等等）。

5. 如果小主人有很多苦水要耐心傾聽（記得面帶微笑）。

6. 不定期的給小主人一些意外的驚喜。

7. 注意小主人的生日、心願，儘量的完成（在不花太多錢的情況下）。

8. 有的時候用一些小字條還滿有效果的。

9. 發現小主人呼叫的時候，儘量多點時間在小主人身邊。

10. 如果小主人非為同性別或已有家室，請把握分寸以免造成困擾。

四、Hello呼叫我的小天使

1. 你知道你有小天使在關心你嗎？

2. 如果你的心情真的不好，請讓你的小天使知道（做個記號）。

3. 你心情不好的時候你的小天使會很緊張（如果你一直心情不好，他的壓力也會很大）。

4. 你可以適度的告訴或運用你的小天使來幫助你紓解一些壓力，但是請注意千萬不要累死你的小天使。

5. 小天使僅能作為你心靈的支撐力量，最後還是要靠你自己。但是有那麼多人在關心你，你並不孤單。

6. 展現你的笑容讓小天使知道你很好，小天使也會很開心的。

第三篇

人生職場奮鬥公司

寫給在職業生涯發展上迷茫的夥伴

3.01
人生的夢想沒有停損點！

　　這兩年投入了所有的精力只是為了一個小小的人生夢想。很多好朋友看著我精疲力盡，總是不捨地問我：「有沒有停損點？要不要考慮設立一個停損點？」

　　說實在的，很多的夜裡，我也問自己：「值得嗎？」投入所有的一切，讓自己長期處在焦慮、緊繃與壓力下，放棄了喜愛生活、甚至讓很多人也要陪著我犧牲很多，這一切真的值得嗎？

　　常常會回想起做決定的那天夜裡，也是非常的掙扎與糾結。坐在忠孝東路的麥當勞裡猶豫著，因為面前的道路並不在原來的人生規劃當中。而為了一個人生夢想，在可預見的未來卻要承受天翻地覆的變化，這真的是我要走的路嗎？

　　臨近深夜一位麥當勞打烊班的老先生出現，打醒了自己的不確定。老先生嘴角帶著微笑，哼著歌很開心與認真的拖著地板。看著他快樂的拖地我問自己，如果有一天當我一無所有的時候，自己能不能夠或是願不願意在麥當勞拖著地板，而且還要能很開心地拖著地板？如果答案是可以的話還有什麼好擔心與猶豫的呢？答案當然很明顯。那天的夜裡，我幫自己選了一個新的人生道路。（有人問我為什麼是在麥當勞拖地板？哈哈，因為這起碼是一份不會餓死的工作，而且以我的體力確保被錄用應該沒有太多的問題。）

人生的夢想到底該不該有停損點？這是一個有趣的議題。如果是投資，如果只是一個生意，當然要有停損點。為了控制風險並求取最大的報酬率，所以要設立停損點。這是最基本的風險管理要求，稍微有點管理知識的人都知道。

　　但是人生的夢想卻是沒有停損點的，因為人生的夢想不是用報酬率來衡量。人生的夢想也不是單純的追求回報。人生的夢想是一個追求自我實踐的過程與體驗。在反復的掙扎與追尋的過程，認識與發現自我內在的價值。

　　除非已經走到盡頭，或者認清原來的夢想不是自己真正的夢想，否則只有達到才會放手。因為人生的夢想沒有停損點。

3.02
寫給四十歲有人脈焦慮症的你

前兩天一位好朋友突然在Line上留了一段文字給我：

「老大，今天和副總一起吃午飯，他今年40。他和我談了一些事，比如說某某因為認識誰誰所以即使四十來歲換工作也過得好好的，他自己也認識很多企業的一些人事經理啊，總監啊甚麼的。

突然感覺自己挺渺小的，人脈少的可憐可以忽略不計，好企業優秀人才外面一大堆，如果我到四十歲時沒有那麼好的人脈，沒有自己核心競爭力突出本領，估計只能到店長這一層級了吧，職場生涯就差不多了吧？

有沒有好的辦法現在就可以準備起來，是不是到了某個階段要考慮別的道路，有點想的多了，現在是要做好當下，也是想抬頭看路。」

我相信同樣的問題與焦慮在很多人身上都有。看看自己的朋友圈，發現沒有幾個重要的朋友，也沒認識甚麼了不起的人，「覺得自己的路子不夠」，因此你就會發現很多人開始出現不停收集「人」的動作。拼命地去露臉，去參加活動。擠到講臺前交換名片、合影、打卡、加好友……。然後不停地思考如何認識更重要的人。

這樣的方式對於自己的職場人生到底有沒有幫助呢？我也不敢說絕對沒有幫助。但是我想就算有幫助，除了少部分的特例之外，大多數的幫助可能微乎其微。除了你可以讓你的朋友們知道你很有辦法認識很多人之外。用這種方式所認識的人一般很難提供真正職場價值給你。

為什麼這樣說？因為所謂的人脈，其實我們有些時候誤會了它的定義。真正有價值的人脈不是你認識誰，而是誰認識你！只有當對方認識你，叫得出你的名字，記得你是誰，知道你是做什麼的時候，你才能把對方當成你的人脈，當成你的資源。如果只是你認識對方，取得對方的資料，但是對方不認識你，其實你對對方而言就是個路人甲，你所謂的人脈很難會記住一個路人甲的。

當然，或許你可以把認識當成第一步，接下去再往深度走。不過這樣要花的功夫可不是交換名片或加朋友圈那麼簡單了。因為和你合影、換名片與加朋友圈這叫做禮貌，要和你深入互動成為朋友這是選擇。除非你很有名，否則對方要不要選擇你深入互動，通常是要看你的價值而定。因為互動要消耗時間，而對每個人來說，時間都是最重要的資源。除非你對他而言是有意義的，否則對方未必會在你身上投入時間。

那麼四十歲的你可以做什麼事情？

給你兩個建議。

第一個建議：做個有價值的人

　　與其花很多時間到處去找人脈，不如努力讓自己成為有價值的人。因為你要做到的是口碑，是讓人家來找你，而不是你去找人家。要把自己當成一家公司來經營，去思考如何讓你的客戶（也就是和你接觸的、互動的人）滿意你。因為在商業上我們都知道滿意你的人會跟很多人說，被你感動的人幫你傳播的數量就會更高。而且當別人說你好的時候，可靠度往往大於自己說你自己好。你要是個有價值的人，你就不用擔心你的人脈問題，你也不用擔心別人不認識自己。你唯一要思考的事情是，你要擁有甚麼樣的價值，而這個價值如何對其他人有幫助。這個價值要做到當別人一想到某件事要推薦一個人的時候，你一定必須是他腦中浮現的第一人選。這樣你就成功了。

第二個建議：好好的去經營與照顧你現在的人脈

　　或許你會覺得現在認識的人當中沒有多少的人是總經理呀，總監什麼的。但是請你不要輕忽這些人。每個人都很重要。今天老師就是明天的校長，今天的警員可能就是明天的局長，今天的業務員也可能就是明天的總經理。每個人都在努力與成長，每個人也都有無限機會。你有你在早期就培養出的深厚情誼，未來當對方成為大樹，你才有機會收穫。

按照六度理論（指全世界的任何二個人中間的距離大約只有六個人），事實上所有的人都離你很近，所以只要你拼命做好自己與照顧好你現在的人脈，當有需要的時候你就會有機會接觸到你要的人。我自己的一次經驗，有一次我想要寫一封信給某一上市公司的董事長（偷偷說是華碩的施先生啦我是完全不認識他的，只是想和他抱怨產品品質的問題），後來我把這封信放在朋友圈裡請大家幫忙，結果當天下午這封信就讓那位董事長收到了。

　　寫給四十歲有人脈焦慮症的你，努力做好自己，其他的就不要去擔心了！

3.03
三十歲的中年危機

在星巴克喝咖啡的時候聽到隔壁的幾個年輕人在聊天（我真的不是故意的，他們比較年輕有活力所以聲音比較大），其中有人感慨的說：「在工作上過了三十歲以後就會開始走下坡，就像我一樣。」話語中充滿了無限的感慨。

想想好像真的也是耶！很多人過了三十歲突然會覺得工作真是無趣，日復一日的工作總是枯燥沒有樂趣。自己能力沒有被昏庸的老闆重視以外，還被隔壁部門的小人嫉妒，所以沒辦法好好的發揮。工作升遷好像越來越慢，也不知道什麼時候可以輪到自己。加薪的幅度永遠就是那麼一點點，永遠跟不上房子、車子、孩子等現金支出增加的速度。

工作失去了激情和動力，而瑣事卻越來越多，想離職卻不知道該往哪裡跳，想創業又沒有足夠的勇氣。總覺得自己的人生沒有過好，如果可以再來一次該有多好，自己一定可以表現的更棒。或許這是很多人的心聲吧。然後就是憂鬱、焦慮的產生。

中年危機嗎？這會不會太早了，才三十歲而已耶！不要懷疑，這就是中年危機。雖然從心理學的角度來說，中年危機的發生應該在35歲以後，但是在一切成長都比人快的地區，中年危機的發生年齡看起來是提早了。

傳統上一個專業經理人需要在基層的崗位經過5～8年的歷練然後才有機會逐步養成。大約要等到30歲才有機會擔任

管理工作。然後大約再經過5～10年的歷練就可以逐漸成為公司的中間力量，也就是說在35歲到40歲中間成為有經驗的經理人，接下來逐步的成為高階的經理人。

然而在現代的社會中，由於近幾年整體市場的爆發式成長，導致足夠歷練的專業經理人稀缺，所以在過去的十多年中成為可遇不可求的專業經理人黃金十年。企業不斷擴展的機會就是成長的機會也是公司人才的機會。而限制企業成長的因素不在資源而在人。

因此每個人都可以碰到豐富的機會，進而可以在很短的時間內不斷的成長與成功。許多經理人養成的時間被縮短到三至五年。你很容易碰到年紀只有28歲的專業經理人在做國外可能35歲甚至40歲經理人一模一樣的工作。這並非是速成的成長，而是因為環境導致有更多的成長空間。對很多人來說這當然也是千載難逢的機會與機運。

雖然這樣的環境快速造就了成功的機會、成就了一批年輕又富有活力的管理者。但相對的也讓許多的年輕人過度自信、急躁，甚至會過度高估自身能力而低估了環境因素。

現在問題來了！市場不可能無止盡的快速成長，公司的規模很難永遠都每一年兩年就翻一翻。當企業的成長或是整個社會經驗成長都放緩的時候，你就會發現升遷的機會、加薪的機會不再像以前那麼容易了。當上層主管不容易被拔擢成為上上層的時候，他的滯留當然會導致你也不容易成為上層。甚至你會發現過去每年或是兩三年都有的升遷機會越來越少了。

這些都導致了中階經理人的挫折、壓力與不滿。我有

個朋友的公司為了這解決這個問題在五年中，不斷在組織的層級裡增加層級，多了處長、協理、副總三層的位階來滿足經理的需求（這也導致另一個職稱通膨的現象，後面會介紹）。但是五年過去了，這些30多歲的中階經理人都由原來的經理職位成為副總，然後呢？沒有然後了。

接受這個現實吧！人生不是坐電梯，用等距的方式直線向上成長。而比較像是攀登珠峰（聖母峰），攀登最後一千米距離的時間，可能要比之前七千米的時間總和要長，而且也未必能成功。人生的成就與價值未必是從高度（職位高度）來判斷，工作也不會是生活的全部。學習欣賞攀登過程中的風景，其實才是真正讓你有收穫的地方。

很難忘記年輕的時候有次爬雪山主峰，當一路嘈雜的我們因為氣喘吁吁累到說不出話的時候，突然發現「靜」的美，三十多人沒有一個人發出任何的聲音，就這樣突然的安靜下來。因為我們突然發現，我們「靜」的時候，山才開始顯得的「熱鬧」。有風吹拂過樹枝的聲音、有遠山中鳥嘯與呼應的聲音，還有草的搖擺與竹子的飄逸（那種矮矮的箭竹好像難說成飄逸）。這一切都成為我無法抹滅的深刻回憶。

真正的好酒需要足夠時間的醞釀，絕世的作品要耗費曠世的時間。一個真正的成就，需要花費的絕非幾天、幾周或者是幾個月的時間所能造成的。或許三十歲的中年危機只是在提醒我們，該換個角度來看看人生的議題。

面對三十歲的中年危機，
我們需要學會　用時間釀造生活的美好。

面對三十歲的中年危機，
我們需要等待　用沉澱綻放人生的積累。
面對三十歲的中年危機，
我們需要欣賞　來自每一頁光陰的故事。

　　我們比古人幸運多了，雖然孔老夫子說三十而立，四十而不惑。在那個年代按照這種算法，等真正到中年危機的時候，人生其實已經所剩不多了。而我們面對三十歲的中年危機，只不過是人生下半場的開始號角。

3.04

在老總身邊還是躍上個人舞臺

這兩天一個朋友請教我個問題，他是家大型連鎖企業老總身邊的得力助手。老總最近給他一個到海外區域獨立發展的機會，他在猶豫著。

一個新的區域當然代表一個新的機會，可那也是風險，失敗了怎麼辦？

在老總身邊掌握著一手訊息，更多信任也有著更多的影響力，而到海外去這些都可能會失去。

我說其實沒什麼好選擇的。老總找你，代表他的期望，公司最好的員工當然是能滿足公司期望的員工。

一個獨當一面的主管，當然要比老總的助手更有價值和發揮空間，如果一個人的工作信念是挑戰自己的可能，那麼在經歷了知識、經驗的學習後，當然要有一個屬於自己的舞臺，來驗證自己的價值。除非永遠只想做助手，否則早晚需要面對選擇。

「如果失敗怎麼辦？」他問。

「哈哈！失敗是工作中最美妙事，
只有失敗才能讓自己變得更強大，
只有失敗才能發現自己需要的成長，
只有失敗才真能奠定堅實的成功基礎。

任何一個成功者都必須經歷失敗的洗禮，

成功才會有價值，更何況也未必失敗。」我說。

　　至於失去在老闆身邊的訊息、影響力等，其實是另外一個議題，但不影響這個問題的答案，現在唯一要思考的不是接不接受，而是如何挑戰這個機會。

3.05
跳槽的副總

這幾天和幾個朋友談論到另一位朋友，好棒呀，他剛到一家房地產公司擔任副總。大家總是用著欽佩的口氣談論他。

在兩年內換了四個工作，每個企業都有來頭，他的職位也是響亮，那麼年輕就有這樣的機會好不令人羨慕。

但這中間的苦只有他自己知道！現在的他每天晚上沒有服藥，已經很難睡個好覺。

因為他有名，企業想借重他的名，因為企業有名，他也想借重企業的名。

記得是名不是實力。所以職位就越跳越高，而工作也就越跳越虛。

職位的高，讓他無法輕易接受較低的工作，工作的虛，也讓他無所適從不知如何開展。

像走在霧中的鋼索一般，走到中間很難掉頭，但是前方卻又雲深不知處，踩錯了，就是萬丈深淵。

他的恐懼和焦慮，非你我所能體會。

或許慢慢的工作，不會有太多耀眼的燈光與掌聲。

但是扎實的積累，最少可以讓你睡個好覺。

3.06
高級人生迷茫師

　　一群好友聊天，有個人說了句自己的人生很迷茫，不知道該往哪裡去。突然間迷茫兩個字成了熱門關鍵字，每個人都說自己很迷茫。一句「你們的迷茫一定沒有我高級」的話突然冒了出來。哈哈，原來迷茫也有級別，還有高級人生迷茫師。

　　不是每個人都可以成為高級人生迷茫師，高級職稱肯定也要具備些高級的素質。想要成為高級人生迷茫師最少要符合下列幾個條件：年齡門檻、成功過去式與挫折進行式。

　　第一個條件：年齡門檻。就是要有一定的年齡。沒有足夠的年齡和經驗所導致的迷茫，稱不上高級迷茫。僅能算是人生探索的初階段，也是職場生涯發展的必經過程。經過了多年風霜的吹襲才突然發現原來很迷茫的才是真正的高級迷茫。

　　第二個條件：成功過去式。要有一些成功或是成就的經驗。一般能稱得上高級迷茫師的肯定都有過很自信與成功的一段經歷，但是當成功的瞬間成為過往，或是發現原來成功已不再，則是邁入高級迷茫師的重要條件。

　　第三個條件：挫折進行式。除了擁有成功過去式以外，高級迷茫師往往都還有挫折的進行式或是現在式。擁抱著成功過去式，原以為可以輕鬆找到成功的進行式，但是倏地發現，經歷的卻是挫折進行式。然後發現自己拿到了高級迷茫

師的職稱。

這三個條件是成為高級人生迷茫師的必要條件，趕快檢查一下自己有沒有符合資格。

有人問，那高級人生迷茫師的下一階段在哪裡？

成就的過程一定歷經千辛萬苦的。

一天能做好的事情不能叫做成就。

一週能做好的事情不能叫做成就。

一個月能做好的事情也不能叫做成就。

有的時候許多成就要一年甚至很多年才能達到。

而這中間要經歷的一件事，往往就會是高級人生迷茫師。

通過了這個階段的考核還能堅持與不放棄的，往往才能看到真正的成就。

所以，如果你發現了自己正式取得了高級人生迷茫師的職稱。

恭喜你。

你拿到了一張通往成就的門票。

3.07
關於猶豫不決的人生

之前寫了一篇文章〈當工作來敲門〉，一個網友問我了下面這樣的問題，很有感觸。所以把我的想法和大家分享一下。

網友問我的問題是，對於年輕人，事業的成就當然是第一位，但是如果眼前面臨一個矛盾：當家庭（比如孝敬父母，還有尋找未來伴侶）、健康、親人團聚等其他的人生項目和事業出現了衝突，因而拼搏或者回家安穩只能二選其一，但捨棄天平的一側卻只能得到另一側的「機會」或者「可能」，您覺得，該如何選擇是好呢？您會怎麼樣選擇呢？

事實上，最近也一直有好多朋友問我關於工作選擇的問題，總是有很多很棒的機會，於是就在抉擇間猶豫徘徊。擔心自己去了會不會後悔，但是不去好像也還是會後悔。

從我的角度來說這些問題的關鍵不在「選擇」，而在「接受」。

我們每天都會面臨選擇，人生總是充滿了機會，但面對機會的時候也總是讓自己為難。因為伴隨機會的往往是風險，兩個選擇好像都不錯或是都必須，放棄任何一個想法也都很可惜。怕自己會遺憾會後悔。然後終日苦惱不知如何是好，深怕自己走錯　步陷入遺憾後悔的深淵。

但是有三個事實是我們必須要知道的。

第一個事實是，**我們永遠也不會知道哪一個答案會更好**。就算現在做了一個選擇最後結果不如預期，但當初的另外一個選擇也因為沒有嘗試所以未必會更好。我們永遠也不會知道答案的。

第二個事實是，**選擇是沒有公式、無法衡量的**。自古到今，沒有哪一個關於人生選擇的議題，可以用公式或是法則衡量或是評估手法來確認的。

第三個事實是，**雖然我們覺得自己是理性的（大多數的人在面對嚴肅議題判斷的時候）**。這些年心理學家的研究發現在做人生選擇的時候，卻總是感性要大於理性。（這是心理學家從研究擇偶條件的時候發現的，雖然很多人在事前對擇偶條件可以列出評價、評分與權重標準，但是最後有好感的人卻往往不是得分最高的那位。）因此任何理性的人生評估，其結果未必會等同你心裡最後的選擇與判斷。

所以選擇不是重點，因為你總是要做出選擇的，就算不選擇的繼續耗著，其實也是種選擇。選擇沒有對錯，沒有最好。看起來兩難的問題，其實你心裡會自動的產生一個衡量之後的結果。問你自己才是個好方法。多數的時候，心裡上是已經有了想法，時間到了，你自然會知道怎麼樣做選擇。真正導致我們猶豫不決的是對承擔「風險」的不確定，或者你也可以說是怕遺憾。

於是既然選擇不是問題，那麼什麼才是問題呢？是「接受」。關鍵在於你必須要接受自己選擇的結果，不論你選擇哪一方。人的所有關於選擇的苦惱都是在於不能「接受」。總是會不甘心，總是會覺得怕遺憾怕後悔。總是會覺得沒有

選的那個答案才是好的。如果不能習慣與接受，那麼不論你的選擇是什麼，對你而言都是遺憾。

天下沒有完美的事情，自然也就沒有完美的選擇。接受自己的選擇，接受選擇的結果，承認自己的狀況，才是真正關鍵的。「接受」不是要你安於現狀，或是隨意選擇。「接受」更多讓自己真實面對內在的想法，並願意承擔風險。「接受」是讓自己不會習慣性的回頭或是後悔。「接受」是讓你花更多的時間向前看而不是向後頓首。

因為學會了「接受」，面對風險我們可以更淡定。

因為學會了「接受」，我們才不會有那麼多的遺憾。

因為學會了「接受」，其實你才能發現選擇的美好。

我很少幫別人做出選擇，因為我喜歡提醒朋友去接受自己的選擇。

3.08
創業衝衝衝的疑惑

親愛的營運長你好：

　　工作是一件很累人的事情，周而復始的工作讓我覺得很厭倦也沒有成就感。每天辛苦的工作，薪水也就那麼一點點，我厭煩了這種生活，我想要自由，我想要創業。創業可以讓我更發揮所長，創業讓我的生活更有趣，創業可以幫助我提高收入與更快的成功。你覺得我的想法可以嗎？如果我要創業該注意哪些事情呢？怎麼樣才能增加創業成功的機會？

創業衝衝衝敬上

※　　※　　※　　※　　※

親愛的創業衝衝衝你好：

　　很高興看到你的來信也聽到你的選擇，創業是一個很棒的選擇，因為創業是一個把自己人生掌握在自己手中的機會。如果這是你最後的決定，我要先恭喜你。

　　但是我也要提醒你，創業可能並不像你想的那麼自由、如意與彈性。甚至在創業的過程可能碰到比在企業內工作更多的挑戰、挫折、壓力與不如意。同時一般創業者所投入的工作時間肯定要比正常的工作要多很多。而大多數的創業者

在短期內的收入可能也都無法有太好的期待。

最慘的是，這所有的一切，你除了承擔以外，你還不能抱怨。因為你要負完全的責任，自然就不能像在企業內工作的時候可以和同事一起抱怨誰誰誰了。你會說，很多時候是環境的問題，是競爭者的問題，是其他某某因素的問題，我為什麼不能抱怨？當然，很多問題不是你可以控制的，但是你是創業者，是老闆，這些都是在創業前你必須要想清楚的，自然最後碰到了問題是你要承擔。因此如果連老闆都在抱怨了，誰還會跟著你呢？

如果有那麼多的問題與困難是可以預見的，真的需要創業嗎？當然需要，因為創業是個人夢想實踐的過程、發揮自己的最大價值。創業往往可以創造全新的機會，甚至有機會帶來社會人類的巨大改變，諸如馬雲等等皆是如此。

但是在創業前有幾個問題你要先想清楚。第一個很重要的議題是不能因為想創業而創業，而是因為有好的機會而創業。當然你可以因為想創業而去找機會，然後因為機會去創業。但是不能創業了以後才去找機會。

什麼是機會？機會是一種市場的可能需求，目前沒有被滿足。機會的存在可能是在地理位置上、價格上、產品上、心理上、服務上或是功能上。甚至有些機會目前沒有實際存在，但卻有存在的可能等。你還要想這個機會出現或存在的時間長嗎？會不會一下就消失了？不論什麼，你要先確定你看到了機會，然後你才能開始思考創業這件事。

第二個你要想的是針對所謂的機會，你有沒有能力滿足。不管是技術、能力或是其他的手法。你看到社會堵車很

嚴重，解決堵車問題是個機會，但是有沒有解決堵車問題的方法是你的能力。如果沒有能力那麼機會對你來說是不存在的。

第三個要想的是，你的能力有沒有同時有很多人或企業擁有，會不會很容易被模仿、超越或與他人的能力很接近。你能不能保持能力的優勢或者在市場中的獨特性或和其他類似的能力提供者保持能讓市場區辨的差異。

第四個要想的議題是，針對這個能力，市場所願意支付給你回饋，能夠滿足你企業生存發展的需要嗎？這是一個攸關企業最終獲利的問題。

如果前面四點你的答案是肯定的，那麼恭喜你可以開始思考最後一個議題，你手上的資源或擁有的條件能夠維持你在企業獲利前的運作嗎？不要想開公司的第一天就可以賺錢，不是沒有機會，但這不是每個創業者都能夠碰到。很多時候明明就有機會、能力，但卻因為資源或是條件而失去創業成功的可能。

當然如果只有第五個議題是阻礙的時候，不妨想想除了創業以外還有沒有其他的機會或是方式來實踐自己的夢想。

創業當然是一件好事，但是也千萬不要想的太美好。你還需要評估自己的壓力承受能力、市場的應變能力、團隊的管理能力、問題的解決能力等等。

曾經有個很好的朋友一心想創業，但是等到公司開了才發現很多事情不如預期，才開始尋找好的機會或是專案。結果公司的結束自然是可想而知的。創業的過程先把所有最壞的狀況想清楚了、能面對了以後才開始行動。

創業衝衝衝，我對你的創業還是支持的，但是很多問題你可能需要想的更清楚。

　　祝福你。

職場奮鬥公司　營運長

第一個選擇

營運長先生：

　　我即將進入的一個行業（市場研究），它很累、拼年資、技術性比較強，但是從各方面看來，我的能力比較適合，目前對這個行業也有很大好奇心。只是很迷惑，作為女生，這樣的生活是以後我想要的嗎（從業人員臉色從來都不大好）？而且，第一份工作往往會決定自己以後的職業方向，對於技術性強的行業更是如此，這樣的選擇會遺憾和後悔嗎？

※　　　※　　　※　　　※　　　※

Hello，

　　謝謝你的來信，你提了一個好問題。

　　工作中的高績效表現主要和三件事有關，能力、特質、動機（涵蓋興趣）。擁有能力能夠確保你工作60分的表現；擁有能力＋特質能夠確保你工作85分的表現；擁有能力＋特質＋動機，基本上工作表現就會有機會在90分以上。那如果只有能力+動機呢？通常的表現分數會落在70分到80分中間。

　　因此能力往往是一個基礎的門檻，你的能力可以做這份工作，但是未必只能選擇這份工作，所以首先可以先不用考慮能力。好奇心在某種程度上代表興趣（動機），因此如

果你有能力＋興趣（動機），其實這樣的工作你是可以嘗試的。至於這樣的工作到底是不是你要的？這樣的生活是不是你要的，坦白說，沒有嘗試永遠都不會知道。

年輕最大的好處就是有嘗試的機會，事實上也因為嘗試的過程，你會越來越瞭解自己，瞭解自己的需要與想要。天下所有事情的答案都不是想出來的而是做出來的，想只能幫你假設很多可能的結果，但永遠不知道對錯。

當一份工作雖然很累很艱苦，但是只要你能在裡面找到快樂與成就，不知不覺的你就會喜歡與沉溺在其中。你會忘記它的辛苦與所有的困難付出，只因為你的熱愛而非僅僅來自報酬。

就像很多人畢業前都會說我想要成為……或我想要做……但是經過時間的歷練，人生的發展往往都不在你原來的軌道上而有許多意外的驚喜。

告訴你一個營運長的小故事，當年營運長畢業前，老師問營運長你將來想做什麼？營運長自信滿滿的向老師和同學們說：「我不知道我會做什麼，但我知道我不會做什麼。」老師問那你不會做什麼？營運長的回答是：「我不會做HR的工作，我也不會創業。」老天爺是喜歡開玩笑的，那麼多年以後，營運長把當初說不會做的事情都做了。

最後一個與你分享的，第一份工作就一定會決定自己人生的方向嗎？有些人會，因為他們的運氣很好，在第一份工作就能認識了自己與瞭解自己的需要並且把握住了機會。但對大多數的人來說則未必。第一份工作對你的幫助最重要的應該是開始真正的人生自我探尋的過程，而這條路將會是充

滿多采多姿與精采的道路。

　　以上的一點點心得與你分享，但最後還是要你幫自己做最後的決定。

　　祝福你。

職場奮鬥公司　營運長

3.10
當工作來敲門

　　小白領最近拿到了一份offer，對方希望小白領下周要報到，這是一家在業界頗有知名度而且前景還不錯的公司，企業在發展初期所以成長的很快。但也由於企業正處在快速成長的階段，所以整體的組織運作就稍嫌混亂並且跟不上發展的速度。小白領其實心中還有一家非常想去的企業，因為在這家公司面談的時候，未來可能的直屬主管讓小白領覺得，如果可以和這樣的主管一起工作，自己一定會有很棒的成長。但對方不知為何卻遲遲沒辦法確認offer。小白領左想右想，也不知道該如何去選擇呢？是放棄已經有offer的公司等待自己期望工作的確認，還是先去有offer的公司工作看看狀況，等拿到自己喜歡的offer再離開？小白領越想就越迷惑了。於是寫了信來問營運長。

親愛的小白領：

　　首先當然是要恭喜你，不論最後的選擇是什麼，能夠拿到一家還不錯公司的offer總是一種肯定。這應該是很開心的事情。

　　另外也要肯定你的是，在你選擇的過程中對於未來主管的考慮與追求。人的一生中，和找工作的時間相比，事實上有更多的時間是在工作，而造就未來成就的關鍵因素，並不僅止於公司的規模、知名度和自己的努力。有很大一部分會

來自於你的主管所給予的協助與指導。從態度、價值觀、風範到專業知識與經驗的傳授。甚至連主管的性格、管理思維與擔當的能力都會影響著你工作的大部分過程到結果。

我常常覺得，在人生最初工作的5到10年，對正確主管的追求的價值甚至大於對公司或職位可以給你的價值。因為你的主管會決定你在未來工作中的行為風格與習慣。如果你遇到的是一位保守、謹慎甚至沒有承擔的主管，這樣的行為風格也會在你未來的工作中成為你行為風格的一部分。因此除非你追求的是一份安穩的工作，要不然如果不能有好的主管來配合，公司大崗位好也沒有用處。我有些朋友會選擇某些企業進去工作，主要是因為欣賞企業領導人的魅力。但是往往進去以後，會發現在企業的內部看企業，和在企業外部看的狀況差很多。所以如果只是欣賞某些領導者的魅力而並不是直接在領導者的身邊，那麼說不定站在遠處欣賞要好一些。

至於先去報到等到自己期望的offer拿到了以後再離開，或許這是很多人會選擇的方式。但是值得思考的是，這樣的做法除了在等待的過程還有點收入來源以外，對你可能並沒有很好的意義外，可能更是時間的浪費。當然從外部有限資訊下去判斷這是不是自己所要的企業有一定程度的困難與武斷。有些人覺得要進去以後才能真正判斷。但是工作的選擇必須要慎重，你心裡有為了得到這份offer雀躍不止嗎？你有為了要去報到而興奮無比嗎？你有對這份工作充滿憧憬與想往嗎？如果沒有何不先停下了再看看？人生苦短，如果你不能對一份工作充滿熱情，你又如何能在工作中創造成就？與其

花時間在一份你沒有熱情的工作，應付新環境、等待下班、無趣的工作內容中，為什麼不利用這段時間做出更好的選擇與運用？要知道在工作中你很少有機會可以停下腳步休息的。對這種上天賜予的時間禮物可以做更多更好的安排，不管是讓自己放鬆一下或是充充電都是很好的選擇。如果你問我沒有錢了怎麼辦，坦白說這又是另外一個議題了，或許下次找個機會我們可以討論一下。

希望這些想法可以幫助你做出最佳的選擇。

職場奮鬥公司　營運長

3.11
我要抓住青春小尾巴

親愛的營運長您好：

　　我最近好想換工作，上班真是一件煩人的事情。如果每天都只有工作，生活多沒有意義呀？這就是人生嗎？賺的錢也不夠買輛車更不要說房子。所有的時間又被綁死死。這樣的生活難道就是我要的？

　　周遭的長輩要我學會接受現實，朋友要我不要太挑剔，老師說頻繁換工作對職場的發展不利，媒體說我們90後沒有抗壓力。難道找到自己喜歡的事過自己喜歡的生活真的那麼難嗎？

　　我想要到海邊漫步、我想徹夜狂歡、我想要盡情奔跑，我想要抓住我的青春小尾巴。我該怎麼選擇？

　　　　　　　　　　　　　　　　　　　困惑的小白領上

　　　　※　　　※　　　※　　　※　　　※

困惑的小白領你好：

　　謝謝你的來信，我發現你的煩惱跟我像極了，所以看到你的信我非常有感覺。

　　我最近也好想換工作呀，上班真是件煩人的事情。每天要看員工的臉色，擔心今天又有誰要離職。隨時都要像救火

隊一樣的到處幫忙加油、打氣、鼓勵支持。碰到有難題的時候還要跳出來承擔解決。每次想要大罵這是什麼破公司的時候都會突然想到這是我自己的公司。

賺的錢不夠買輛賓士更不用說別墅，所有的時間都被綁死死，別人有下班我卻永遠都要24小時待命。難道這就是我要的人生？

周遭的長輩要我接受現實，朋友要我不要太挑剔，媽媽要我隨時想想她，媒體一天到晚又說現在的企業缺乏責任感。難道找到自己喜歡的事，過自己喜歡的生活真的那麼難嗎？

我也想要到海邊漫步、我也想徹夜狂歡、我也想要盡情奔跑，我也想要抓住我的青春小尾巴。可是身體超重的我卻怎麼也都奔不起來。

看起來你我的問題並不在於角色、身分或是職務的差異上，而會在於什麼時候我們可以學會接受。

接受什麼？接受這就是生活。

接受了以後我們才會開始發現躲在生活角落中的幸福與樂趣。

幸福與樂趣總是躲在忙碌過後的放鬆裡，

躲在得到肯定之後的快樂裡，

躲在每個成就背後的自豪裡，

躲在每個別人回應的微笑中，

有一天當你有家庭與小孩以後，

還會有幸福與快樂躲在小孩成長的點點滴滴的畫面裡。

最後有個故事和你分享，

廟裡的大鼓用羨慕的眼神對大佛說：太不公平了，同樣身在廟裡，為什麼人們看到你總是虔誠的禮拜，而看到我卻是重重的擊打。大佛說：你只看到人們現在對我的禮拜，但是又能知道在成佛的過程，我身上經歷過多少錐心挫刀的敲打琢磨呢？（這是104人力銀行楊基寬董事長與我分享的故事，印象非常深刻。所以與你分享）

職場奮鬥公司　營運長敬上

3.12
小英最近很生氣

　　小英最近很生氣,她那麼認真的工作,又盡心又盡力從來也都不抱怨。可是她前兩天身體不舒服在家休息的時候,主管整天連一個問候的短信都沒有。難道自己就那麼不被重視嗎?沒想到平常那個總是笑臉迎人的主管竟然那麼冷血。

　　後來更讓她生氣的是,這週是小英的生日,公司明明就會有預算幫員工買生日禮物,她想要一個智慧手環很久了,也在預算範圍內選好了款式,可是偏偏公司就不幫他買。公司為什麼一定要這樣為難她呢?是不是老闆並不喜歡她?

親愛的小英,您好:

　　謝謝你願意和我分享你的心情,也希望你的身體已經像以前一樣恢復活力與健康。

　　當然我承認,如果主管在你身體不適的時候能夠發個短信問候妳一定會讓你感受很溫馨。同事間本來就應該互相的支持與關照。

　　但是短信的問候比較應該是屬於同事間的情誼,而不是工作的職責。我想你一定也不希望我是因為職責所在而對你的問候吧?

　　如果問候是同事情誼間的關懷,那麼可能就要請你容許,有的時候有些事情可能沒辦法面面俱到,就像是你這次的身體不適,也不是每個同事都會問候你一樣。

我想大家都願意關心你，但是每個人都會用自己的方式選擇恰當的時間來表達對你的問候。你總不能因為哪一個同事沒有發短信問候你，你就認定她是不喜歡你，不是嗎？

　　另外關於生日禮物的事情，也很抱歉讓你困擾。當然我們是有預算幫每個同事準備生日禮物的。不過一般我們的禮物會由公司統一安排，然後送出。一方面禮物的準備有其象徵性，二方面這樣也會降低採購過程的困擾。我們並不準備單純的由同仁指定自己喜歡的禮物，這樣的話說不定發禮金還比較簡單一些。希望你能諒解。

　　最後並祝

　　工作順心與愉快

職場奮鬥公司　營運長

3.13
職稱通膨

　　最近新聽到一個名稱「職稱通膨」，意思是指現在的職位名稱越來越不值錢，每個人都可以拿到很高的頭銜。

　　也是，滿街的人拿出名片你猜哪種職稱最多？總監一大堆，副總經理好像也一堆。（副總經理多是因為很多小公司的老闆覺得自己太年輕看起來沒有說服力，所以乾脆自己掛個副總。）這幾年流行的職稱是要掛個「長」字在後面。執行長只有一個，但下面還可以生出一堆「長」，財務長、資訊長、技術長、營運長、知識長等等（哈哈，我就是掛營運長），還有現在新的幸福長、督導長、關係長等，也沒人知道他們在傳統組織結構到底是什麼樣的位置，看起來比總監大一點，和副總經理比又好像差不多或小一點，哈，這個真的不知道。除了「長」字輩以外，還有搞的比較洋氣的頭銜叫做「執行董事」或「合夥人」，這個抬頭就大了，就是不知道總經理、執行董事、CEO到底哪個大？

　　當然職位通膨是有很多好處的。對個人而言，滿足了很多心理需要，拿出來也光榮，好歹看起來像個大官。對企業而言，提升員工的滿意度、留住人才（給個「長」字有升官的感覺、成本比加薪低、對外業務溝通的人派出去看起來也有分量、公司看起來也比較洋派因此何樂而不為。對客戶來說，派來溝通的人職稱高，總感覺被重視，而且可以做決定。因此三方都有好處，大家都很開心。

可是如果職稱只是滿足虛榮心（不管是客戶的還是自己的），真的有價值去追求嗎？現在的很多小朋友在工作的時候，目標就是趕快升上經理或是主管的職位。或者經理已經不是重點了，最好是個總監。有個朋友的公司為了提升員工的滿意度，五年前把一批主管統一升為經理。一開始大家很高興，但是兩年以後就覺得沒什麼動力了。因此三年前又把他們升為處長。當然一開始大家同樣的很開心，不到兩年大家又沒動力了。因此一年前，開始陸續把主管升為副總經理，公司又設了一堆XXX總監的職位。我在想這樣下去，兩三年以後，不知道會變成怎麼樣。這些主管的平均年齡不到四十歲，未來呢？

職稱確實是很容易給人滿足感，但是這種滿足感比較虛，很快就會沒有感覺了。與其不斷在職稱上面打轉，不如協助員工創造成就感比較有意義，因為成就感與自豪感比較實比較長久。

同樣對於現在在職場的工作來說，追求的也不應該只是頭銜這樣的東西，企業或許會被你的頭銜吸引而多看一眼，但是工作的實力與創造的價值，才會是真正讓企業肯定你的動力。

很多日本的企業，畢恭畢敬的工作一生，最後有個經理的職稱就很了不起了，就非常的資深了。一個大企業裡面的經理，他的決策範圍或是影響力可能都比十幾家小企業的總經理加起來還多。事實上許多真正有影響力的企業家或是主管，甚至名片上是不印頭銜的，指簡單寫了XXXX公司某某某的字樣。

因為他們自信的知道，自己的價值不是來自頭銜，而是真實的成就。

明日導演

親愛的營運長你好：

　　我在跨國管理諮詢公司工作兩年，很多人都羨慕我的職業。可是我突然發現這不是我要的，不是我人生的方向。我想清楚了，我想去拍電影！當一個導演才是我真正的追求。所以我決定辭掉這份工作去考電影學院去參加明年的電影學院考試（我已經離職了）。可是周邊的人都不支持我，包括家人在內。很多人甚至一副想看笑話的樣子。這讓我開始猶豫，我該放下這一切去嘗試拍電影嗎？如果要選擇這條路，接下來的幾年我都會沒有收入，我該怎麼辦？我該浪費我之前的工作經驗而走上一條陌生的道路嗎？我會不會是做了一個很錯誤的決定。

明日導演

※　　※　　※　　※　　※

Hello明日導演你好：

　　首先恭喜你想清楚了你的人生職業和方向，和很多人比起來，最少你是清楚你要的。同時很棒的是，你不僅清楚你要的是什麼，你還有行動計劃。更重要的是你已經在行動了。如果有一天你真能成為一位了不起的導演，我相信前面

的三個條件絕對是關鍵。

　　我沒辦法判斷你的選擇是不是對的（如果從會不會成功的角度來看），但是我知道的是如果你沒有去嘗試這個人生方向，或許你一輩子都會遺憾。人生有趣的地方即在你必須要不斷的摸索和測試才會知道答案。嘗試新的選擇可能應該是很有樂趣的，也是一個必經的過程。所以如果你已經想清楚了，也計劃好了行動方案那就去做吧。

　　你之前的工作很棒，我相信你從中間有很多的收穫。同時也相信我，就算你未來的工作是拍電影，你之前工作中收穫的點點滴滴也不會是浪費。現在的電影工業不是一個人的事業，而是一個團隊的事業。拍電影不像你想的那麼浪漫（我猜的）一堆的投資方、演員、劇本等等，更多的是一個團隊的整合運作與發揮，只有一個完美的團隊才會有完美的電影呈現，而這正是你之前經驗所可以發揮的。

　　至於你周遭的不同聲音和意見還有嘲笑的心態，哈哈，你知道你選擇的是什麼樣的行業嗎？導演耶，如果你連這點點小小的聲音都會有壓力或是無法面對，甚至還讓你猶豫，坦白說那你就真的要好好想一想你的選擇了，因為將來橫在你面前的可能是更多的批評、嘲笑或是壓力。你如果沒有做好準備面對這些，那麼你應該想想這是不是你要的。

　　不過要提醒你的是，做這樣的選擇得到家人的認同與支持是很重要的事情。站在父母的角度，他們永遠的為子女操心這是正常的。因此想到你未來所可能面對的困難與挫折，我想他們的不同意見自然是正常的。怎麼說服他們來支持你，會是你必須要面對的一件重要的事。但是同樣的，如果

你現在不能打動你的父母，未來你又怎能打動你的觀眾呢？

我相信這很困難，但我也相信你有方法可以去面對。

祝福你好運，也祝福你有機會成為一流的導演。

職場奮鬥公司　營運長

3.15
對明日導演要加油還是降溫？

一位網友看了明日導演這篇文章以後憂心忡忡問我，對於明日導演的想法該是加油好還是降溫好？另外才工作滿兩年就想做導演，這樣的想法會不會太理想化與不成熟？這幾個問題都是好議題。

讓你猜一件事，告訴一個對自己人生充滿期待，甚至已經做好決定的年輕人說，你的想法不太好，問題很多或是不恰當、不可以等等的話語，他的接受度有多高？

那難道我們就這樣放任他去亂撞亂衝導致後面的頭破血流，這樣會不會太不負責任？

哈哈，不要急。

對於現代的年輕人來說，他需要的不是你給他答案或是教他做什麼，甚至用你自己的經驗去告訴他。因為這是他的世界他的人生不是你的，他有他的判斷。如果過多的干預、降溫或是打擊，只會產生很多疏離、抵觸或是更加劇他的決心。這些往往也都是父母與子女間衝突的來源，也正是所謂的代溝。

那該怎麼做呢？其實不是幫他做判斷而是教他思考。我們需要做的只是提問題就好了（那種不帶判斷或是負面角度的問題），把我們人生經驗換成在決策過程中能夠思考的問題，提出來讓他去思考，幫他想得更完整，讓他來做判斷。我想人都是理性的，也是聰明的，他會思考最有利的判斷。

每個人都有自己的人生，這個人生除了自己以外，沒有人可以幫忙做決定就算是父母也不應該。因為結果需要自己承擔，所以也需要做判斷。你叫他做或不做什麼事情，如果他聽了但結果不好，後果誰來負責呢？

　　年輕的階段本來也就是一個探索的階段，沒經過嘗試，不會知道對錯。而年輕的本錢就在於有嘗試甚至試錯的機會。沒有經過錯誤的嘗試，又怎會感受成功的喜悅。嘗試、歷練、挫折、迷茫都是人生必經的道路。

　　所以不要急也不用擔心，我們只要把經驗換為決策判斷的問題，帶領他們去思考就可以了。通常我會不會支持某一個決定，往往不是看決定的內容，而是去判斷在決定的過程思考的完整性與邏輯性。只要想的夠清楚、完整，所有的決定都會是好決定。至於結果，總是要做了以後才會知道。

　　最後分享另一位網友提供的小故事作為結尾。某朋友，名牌大學，科系是設備工程，有一天突然覺得自己學錯了，開始自學寫電腦程式。畢業後軟體硬體都很棒，1年時間就成為著名企業的IT總監……突然覺得這些都不是自己要的，遂辭職學習法語，又一次自學成材後，被邀請技術加盟某公司……從此過上幸福的日子嗎？沒有，1個月後，他又辭職了，因為他想做導演，於是在家準備考戲劇學院研究生，果然考上了，但因為大學不是戲劇學院的，被拒收了……於是他開始寫劇本，瘋狂投稿，終被某劇組採用，如今他的劇本已經拍成電視劇，他還在寫……當初聽他事蹟的時候被雷的外焦裡嫩，奉為神人……痛定思痛後想，咱們能活在這個和平年代、大好時代真是幸運，只要敢想，一直去做，就真

能成為現實……無論怎樣怎樣，不管如何如何，只要堅持到底，果然一定能夠勝利。

3.16
明日導演,加油!

Hello,還記得明日導演嗎?那個對自己充滿憧憬的男孩子。猜猜看,他考上了電影學院沒有?當然沒有。那再猜猜看,他現在在做什麼呢?他現在正在製片廠跟著導演打雜工(沒有薪水的那種,但是每天可以領一個免費的便當)。另外,他每週會去上一次編導訓練班,同時也在準備明年的考試。哈哈,這簡直太棒了。

很多人問我說,營運長你怎麼會覺得棒呢?你看,都是你害的,明知道他考不上你不勸他就算了還鼓勵他。現在他把大公司的「正業」辭去了,然後跑到片場「不務正業」,你竟還支持他。拜託一下,這樣真的好嗎?

當然好。這才是最棒的事情。

其實考不上是正常,若是他考上了才奇怪。你想有那麼多人為了這個考試拼死拼活的努力,有些人還努力了很多年。你隨便考(看幾個禮拜的書)然後就考上了,那些努力的人不就都要去跳樓了?但是他不是有天資嗎?縱使真的有很多的天分或是天資,如果太順心,那麼其實對天才而言,一次考上才是糟蹋與傷害。怎麼說?因為如果太順利,就會讓你不夠珍惜所有的,甚至也會導致失去審視自己的機會。

不過有沒有考上這不是我想討論的重點。我更關心的是是考不上之後。

為什麼這樣說?因為如果考不上就放棄了,那所謂的想

當導演的理想或是人生規劃不過是隨口說說而已。如果考不上，就一振不起，那麼一輩子也不會有成功的機會。因此當我聽到，他不拿報酬的在片場打雜工，花剩餘的時間去學習編導，甚至準備考試，我非常的開心，因為就是憑藉著這種決心、毅力、堅持才會是他未來成功的本錢。而只有這種堅持才能培養出足夠閱歷的導演。太快或是太容易成功的，其實有更大的機會是拿到一張通往失敗地獄的高鐵票。

其實人生的選擇沒有對錯也沒有標準答案，關鍵只有在選擇過程中的兩件事。一是自己想清楚了沒有，其二是能不能堅持到底。如果這兩個都做到了，那選擇就是對的，否則就好好再多想想，而不能把一時衝動的想法當成夢想。我常常和很多人分享，在人生的三十五歲前有四個大夢要完成（吳靜吉老師的青年的四個大夢），其中最前面也最重要的大夢就是人生價值觀。而什麼是人生價值觀呢？不僅僅是你自以為是的價值觀或是想要的價值觀而已。因為好聽的話誰都會說。真正的人生價值觀是你在最艱苦的時候也不會放棄的信念。在你一無所有的時候也不會放棄的堅持，在最低潮的時候推著你走的動力，這才是人生價值觀。

想當一個導演不是人生價值觀。而為了當導演，為了自己的決定，為了自己人生的夢想而義無反顧的堅持、不放棄的決心，還有在艱苦中持續前行，這才是人生價值觀。而這也會是「明日導演」最有價值的財富。

想做導演很容易，而能夠堅持到最後的導演很困難。這樣的例子，在許多的導演身上都可看到，比如說海角七號的導演魏德聖先生就是最好的例子。明日導演，正在用他的堅

持告訴我們，這是他想要的人生道路。而不是一時的興起或是隨便說說。

　　每一個成功者都在寫自己精采的故事。明日導演，加油！我相信你的故事一定會很精采。

做自己生命中的贏家，
享受自己的精采

　　繼續明日導演的話題，一位網友問了這樣的問題：「多做嘗試是需要底氣或者資本的，可能是已經取得某些成績，可能是雄厚的家底等等；不然很多時候的結果是一事無成，到頭來自己的朋友、同學都飛奔在自己的前面了，還有什麼能繼續支撐最初盲目的自信？」

　　這是兩個好問題，是不是一定要家底雄厚或者很強的底氣才能做人生的嘗試？怎麼判斷人生的跑贏與跑輸？

　　第一個問題的答案是顯而易見的，人生之所以公平就是因為選擇在自己的手上，沒有人會給你限制除了你自己，年輕人最大的底氣不在家底而在年輕。相對很多人而言年輕人擁有最多嘗試的本錢。當然並不是要每個人都不斷嘗試或是亂嘗試，也不是說隨便轉換跑道是好的。因為有可能有太多的個人差異，人生目標的差異、價值觀的差異、決定的考慮點夠不夠完整？有沒有支撐的關鍵因素等等。如同前篇文章所述，只要考慮的夠完整與細膩，任何的決定不管是否大膽與否都是可以被支持的，怕的只是一時的衝動而已。而且對不同的人來說，當然不是每個人都想要不斷的追求更多的挑戰與突破。所以追求穩定生活、家庭關係、生活樂趣等也都是選項之一，端看每個人的價值追求。人的選擇因為多元與多樣也才會精采。

第二個問題也很有趣，人生的跑贏與跑輸到底怎麼計算呢？如果用財富計算，那麼我們每個人都是輸家，畢竟全世界也只有一個贏家。或者說我又不跟世界比，我只跟同學、朋友比，那比出來的結果贏或輸又有什麼意義？如果只用財富計算，那麼很多人看起來是輸家，例如在社會角落終默默付出的社會工作者、藝術家、旅行者、作家、生態保護者等，但他們真的是輸家嗎？沒有，在他們的領域裡他們是贏家。都市裡的小朋友和山裡面的小朋友比英文，都市小孩是贏家，但是比賽跑、比游泳、比爬樹呢？則恐怕未必。

　　人生的選擇不需要畏懼別人的眼光或是屈從他人的價值判斷，因為沒有人可以為你負責，除了自己。每個人都要幫自己做出選擇。一種你心甘情願的選擇，一種讓你怦然心動的選擇，一種讓你躍躍欲試的選擇，然後朝自己的方向飛奔而去。

　　前台中市的副市長林依瑩女士，在卸任後毅然決然地投入山區部落的照護工作，親自幫老人清潔打掃。卻依然甘之如飴。這就是她的成功！

　　你會問我那如果選擇錯了怎麼辦？錯這件事，也是經過實踐以後才會發現的，然後你會更認識自己，重新選擇自己所要的。沒有經歷嘗試或挫折的過程，永遠看不到真實的自己，找不到真正的方向。而真正偉大的成就也都是在一次又一次的磨難中堅持到底方能成就的。

　　或許有極少數的人很幸運，一次就成功或一試就成功。但是我想大多數平凡如我的普通人很難把自己的成就寄望在這種奇蹟式的機率當中。

人生只有一次，應該要為自己而活，不需要活在跑輸的恐懼裡。只要你認清自己，選定方向然後全力以赴，每個人都可以做自己生命中的贏家，享受自己的精采。

第四篇

當災難
突來的時候

寫給創業者與企業經營者的應變技巧

面對新冠病毒的你我，只是躲在家裡還不夠！（個人的生存指南）

面對新冠病毒的肆虐，無可避免的，你我每個人都受到了衝擊。因此我們每個人也都應該為迎戰新冠病毒做出貢獻與付出。這是我們每個人的責任。

你或許會問，面對這個強大的病毒屬於不在前線的我們，又不會做口罩也不能救病人，難道我們能做的不就應該是不出門，不為國家社會添亂嗎？這不也是我們唯一能做的嗎？

錯了，儘量不出門，不為社會添亂當然是對的。但是這樣還不夠。如果我們希望在這個時候能為社會做多一點貢獻，還有一些事情是我們能做的。

一、就算在家也要保持自己正常的上班狀態

很多人這在階段會維持在家上班的狀態，這也是不得已的。但是就算是在家上班依然要維持正常的上班狀態。什麼是在家上班要維持正常的上班狀態，簡單說明如下。

　　1. 要有固定的起居與工作時間，不要因為是在家上班就睡到很晚，或是動不動就跑去休息。這樣你的工作才會有真正效率。

2. 就算是在家依然要穿著的相對正式，不一定要穿著工作服但是起碼不能穿著睡衣工作。而且在開始工作前，對自己的基本梳理還是需要的。當你自己越正式，你就越能夠擁有較高的工作效率。

3. 幫自己整理出一塊固定的工作地。基本上就是要有辦公桌的樣子，不要把太多無關的東西放在自己的桌前。

4. 每天工作前幫自己做好今天的目標與計劃，每天結束工作時進行一次檢討。

　　雖然是在家辦公，但是很有可能效率很糟，如果能把前面幾件事做到，你會發現工作效率就神奇的提高了。人的心理都是需要被暗示的，你需要用行為提醒自己是在工作的狀態。這樣等到恢復正常到辦公室上班的時候你也能做好無縫的銜接。

二、運用這個機會思考自己的狀態 做好檢討與計劃

　　進入職場以後，多數的人就很少能有機會能夠停下來好好的檢視自己，每個人都在被推著往前進。平常就算是有假日有休息也都在忙著到處去旅遊或者讓自己緩口氣。我們幾乎沒有機會真正的靜下來想想自己的未來該不該修正，如何去發展。

　　現在機會來了，新冠病毒的肆虐，剛好給我們每一個人重新審視自己的機會。你有足夠的時間好好的想想自己。你

可以在這段時間好好的想想下面幾件事情。

1. 我現在在什麼位置上？
2. 我擁有那些的資源與經驗和能力？
3. 我的優勢與劣勢是什麼？
4. 什麼是我人生真正的追求？
5. 距離我追求的還有多大的差距？
6. 我該如何計劃讓自己能夠朝著追求前進？
7. 我還可以做哪些的改變讓自己更成功（或幸福或快樂……）？

如果你能夠運用這段時間把這幾個問題想清楚，同時做好更妥善的計劃，那麼說不定對你的人生來說就是一次重大轉變的機會。

三、善用這個時間做更多的學習
讓自己變得更厲害

平常的忙碌，導致了我們很多時候想學習卻沒有機會學習。這次的事件，反而產生了最佳學習的契機。但是隨意的看幾本書還不夠，建議可以按照下列的步驟來安排自己的學習。

1. 先想清楚自己需要學什麼；
2. 根據學習的目標找到學習資料（可以是書籍、網課、文章……）；
3. 每一段的學習完成（或是一本書或是一節網課），都幫自己整理出一些心得；

4. 問自己哪些東西或是技巧未來是可以直接運用的；

5. 幫自己設定學習運用的行動計畫；

6. 一段時間後（30天或更多），針對自己所運用的部分問問周遭的人自己改變的狀態。

四、評估自己的狀態該吃的吃該買的繼續買

除了工作、檢討與計劃、學習之外，你還有一個重大的事情要做。就是在這段時間中該吃的要吃好，該買的想買的繼續買。為什麼呢？現在許多企業都在面臨生死存亡的掙扎，沒有現金流85%以上的企業都撐不過這個春天，而我們能對他們做出的最大貢獻就是用正常的消費、應該的消費來支持企業的生存。只有我們消費了，企業才能夠繼續的存活。只有企業能夠存活才能支援經濟發展不受這次危機的影響。所以我們最重要的是在這個階段不緊縮消費而是維持消費。這樣整個社會才能活起來。

你說我沒有錢怎麼辦？當然，所謂的消費也要量力而為，不需要過度的消費，就是在維持手上三個月生活現金下的正常消費行為即可。

我們不需要因為新冠病毒的肆虐而恐慌，我們反而要更積極的去面對它。用行動證明這次的危機反而能讓我們每個人都變得更厲害！

管理者用18個步驟
快速脫離新冠病毒的管理打擊

新冠病毒的爆發給企業管理者帶來的是艱巨的挑戰。不論從管理的角度或是從經營的角度來說都是如此。從團隊的管理來說，最少會面對的問題是包含如下。

1. **員工安全的問題**：很多部屬可能現在都無法回到崗位正常工作，尤有甚者可能還有被觀察中的或者本身被感染的。

2. **工作管理的問題**：在面對部屬四散人力不齊的狀況，該如何快速重建工作體系進入工作狀態，是首要的挑戰。

3. **工作安全的問題**：與此同時如何確保工作中的健康問題也是必要的考慮因素。

4. **業務困境的問題**：當然更大的挑戰是這次的危機將帶給許多企業致命的衝擊，不論是觀光、娛樂、培訓、餐飲等行業均將在接下來的3～5個月內面臨嚴苛的考驗。如何帶領團隊衝破業務困境將是絕對的議題。

如何面對這些挑戰與問題將是團隊管理的核心議題。

面對這些問題團隊的管理者需要做的事情包含下列幾件事：

1. 快速評估團隊現況；
2. 在安全的基礎上建立新的工作模式與標準程式；
3. 評估現況問題；
4. 運用OKR探討對應策略。

以下將針對第一條的快速評估團隊現況和第二條的在安全基礎上建立新的工作與標準程式提出18個有效步驟。

首先，最重要的工作是快速評估團隊現況，做為團隊的管理者你需要掌握團隊中的每個人的狀態。

請針對下列問題進行評估：
1. 身體狀態是否健康；
2. 每一個團隊成員的位置；
3. 是否已經抵達工作所在地；
4. 如果未抵達何時可以抵達；
5. 是否在觀察期，何時可以脫離觀察期；
6. 每日身體體溫的狀態。

你需要知道的是，建立該不該進入辦公室上班的標準，掌握有多少人可以進入辦公室上班，有多少人何時可以進入到辦公室。

針對以上的六個問題你需要不斷更新最新的狀態。

在這個階段不論公司是否已經正常工作，你都需要和你的團隊建立起通訊聯絡的狀態。同時你也必須要針對下列的問題開始評估：

1. 部門內的工作那些可以在家內完成；
2. 部門內的工作哪些可能會出現缺口；
3. 針對可能出現缺口的工作有無替代方案。

在完成了團隊狀態的評估之後，你需要作的第二件事情是在安全的基礎上快速的建立新的工作模式與標準程式。

我相信你的團隊很有可能在短期之內會面臨人力四散的狀態，這個問題估計會持續的影響約1～2個月左右。因此快速的建立安全的工作模式與程式便是重要的，不論習不習慣你都必須要面對。

關於安全的工作模式與標準程式在這個階段你可以做下列幾個安排。

1. 除了有絕對需要，現場工作內容之外的其他工作，如果員工不能確保健康狀態（例如有身體的不適，或沒有充足的口罩或安全措施）或者員工上班困難，則允許其在家工作。
2. 建立辦公室的安全管理機制（每日量測體溫，開窗通風，拉大員工的座位間距，如果條件允許將同一團隊拆開不同地點工作）。
3. 定期召開線上會議並請同事回報工作的進度。
4. 另外需要注意的是，同時參與線上會議的人數不要過多（3～5人為佳），人數太多的時候討論效果不好。
5. 針對公告性質的群內發通知即可。

最後在這個階段，除了公司面對挑戰以外，其實員工心中相信也是忐忑不安的。所以作為一個管理者還需要做下列幾件事情：

　　1. 在群內即時的通報關於公司的最新政策與要求；

　　2. 針對員工的問題主動關心或提出對應措施；

　　3. 主動安排員工的工作；

　　4. 主動告知部門未來的對應策略與方針。

　　在這個階段挑戰是必然的、不安是正常的、混亂是肯定的，但是這也正是最優秀管理者最佳的磨練。相信我們都能共渡難關。

4.03
20種方法幫企業經營者解決在新冠病毒衝擊下的現金危機

　　新冠病毒將對許多中小企業造成致命的衝擊。估計將有相當多的中小企業很有可能度不過此次的危機。為什麼呢？原因只有一個，沒有現金。對任何企業來說手中的現金都是存活的關鍵。有一句金典的說法：企業就算是虧損但仍然可以維持一段時間，但是如果企業手上沒有現金那麼企業可能連一天都活不下去。

　　這次新冠病毒對企業造成的衝擊就是來自於許多企業現在面臨現金的斷流。

　　因此對於經營者來說，思考、評估、應對企業手上的現金將是在處理完人的議題以後的下一個重要議題。

　　針對現金流的處理，企業的經營者可以採取下列的幾個動作：

1. 評估手中可運用的現金金額；

2. 評估未來3～6個月的可用現金流入狀態；

3. 計算每個月的現金支出；

4. 評估現金淨流入或淨流出的狀態與可用天數；

5. 採取策略處理現金流入與現金支出間的差額。

首先評估手中可用的現金金額，這個部分比較簡單，最簡單的計算方式就是你公司銀行帳戶裡的金額和公司財務手上零用金的加總。

　　第二個步驟是評估未來3～6個月的可用現金流入狀態。這裡特別說明的是，我們說的是「現金流入」而不是「現金收入」，原因是你的可用現金未必一定是來自營收。那到底有哪些的現金可能流入呢？通常包括了：

1. 未來3～6月的營業收入（因為新冠病毒的衝擊估計對很多行業來說現金收入都有可能接近零的狀態）；
2. 可回收的應收帳款；
3. 有機會新增的借款；
4. 其他的現金流入來源（後續我會做說明）。

　　第三個步驟經營者需要計算與知道自己的企業每個月的現金支出金額。通常現金支出的部分會包括：

1. 進貨成本；
2. 租金；
3. 員工薪資（包含獎金）；
4. 社會保險；
5. 辦公室管銷費用（水電等等）；
6. 員工福利；
7. 差旅費用；
8. 行銷費用；
9. 培訓費用；
10. 研發或開發費用；

11. 專案費用；

12. 貸款還款與利息費用；

13. 相關的稅負；

14. 其他費用或應付帳款等等。

　　第四個步驟就是計算現金的淨流入或是淨流出的狀態。

　　將每個月的現金流入減去每個月的現金支出，若為正則是屬於現金淨流入，恭喜你將順利的度過本次的危機。如果結果為負，則屬於現金的淨流出。將手上的可用現金除以這個淨流出的數字，則可以得到企業的可用現金月數，這代表你的企業還可以維持多久。

　　這次的新冠病毒將造成大量企業的衝擊就是在於，對多數的中小企業而言，在沒有現金流入的前提下手上的現金將很難維持太長的時間，就算是大型企業也可能是如此（因為無法營業紐西蘭的漢堡王已經進入破產狀態了），手上的現金很有可能都無法支撐超過三個月。

　　所以在完成了前四個動作以後接下來就是最重要的部分了，如何處理現金流入與現金支出間的差額，這個問題如果能解決，起碼企業將會有機會度過本次的難關。

　　這解決差額的作法只有兩大方式，降低現金支出與拉大現金流入。

　　這個階段在降低現金支出的作法上包含如下。

1. 和房東探討爭取免租或是減租。這個時候國有資源或是大型物業或園區有較大的機會可以爭取。個人房東的部分爭取難度較大，但是還是可以爭取看看。

2. 如果不能爭取到免租或是減租的條件，可以試試是否可以晚繳房租或是分期繳付。

3. 當然也可以思考快速的更換更小或是更低廉的辦公室。

4. 除了租金之外的大額支出就是每個月的工資。在這個危急的階段除非真的已到最後不得已的階段，並不建議以裁員做為減少工資支出的手段，因為這個時候被裁的員工將很難在短期內找到其他的收入來源，而企業的經營本來也應當承擔一定的社會責任。因此建議優先採用一定程度的減薪方式來降低工資的支出。在無法有效安排員工工作的前提下，也可適度的安排無薪假給予員工（最近國泰航空就要求員工休無薪假）。

5. 社會保險的部分可以爭取政策支援來緩繳或者免繳。

6. 檢討差旅費用，減少不必要的出差（儘量用電話來替代），降低差旅支付的標準。

7. 這個階段可以暫停非緊急性與重要性的培訓。

8. 檢討對於研發或開發專案是否可以暫緩，某些無短期效益的專案可以暫時中止或停止。

9. 檢討進行中的項目是否可以暫緩或是停止。

10. 貸款的還款可以和銀行討論是否可以緩繳，利息費用是否可以降低。

11. 相關稅負與政府部門討論是否可以降低。

12. 檢討所有應付帳款的部分是否可以拉長付款時間。

13. 刪減沒有必要的外包服務。

14. 中止虧損的部門或是專案。

15. 員工福利與辦公室管銷的部分可以適度的降低或是取消（例如下午茶時間、車貼等等）。但是要說明的是，把這條放到最後的原因是因為通常這個部分可以節省的金額並不高，但是對員工的士氣會有許多影響，所以除非很必要，可以斟酌處理。

在增加現金流入的來源上有幾個措施：

1. 加大催討應收帳款的力度；

2. 申請銀行貸款或是政府的相關補助（這個階段各地區的政府提供相當多的支持）；

3. 快速的將積壓庫存轉換成為現金（清理無用的庫存與降低庫存天數）；

4. 出售沒有積極價值的項目或是資產（不必要的辦公設備、專利、部門等等）；

5. 創造積極營收的可能。

善用以上的作法將可能降低現金的消耗，維持企業的運作。

4.04
用12招，企業的經營者可以快速的創造現金流

上一篇文章裡面談到現金流的問題，我們探討的焦點在掌握企業現金流的狀態並且評估現金狀態影響經營的程度。當然我們也分享了怎麼減少現金流支出和創造現金流入的幾個作法。

在這篇文章中我們將聚焦在協助企業的經營者找到能夠增加現金流入的具體方式。

面對這次的新冠病毒衝擊，很多企業經營者或者是專家的第一直覺就是趕快將實體的經營模式轉換成線上的經營。但是坦白說，線上經營沒有想的那麼容易也不會是度過這次危機的萬靈丹。我可以這樣說，一個沒有線上經營DNA或是基礎的公司，基本上就可以不用期待靠轉型線上來度過此次危機。當然我的意思並不是說線上經營模式的發展不重要或是企業不需要轉變，因為這個議題本來就是企業必須要做的事。但是經營者必須要知道線上經營沒有那麼的簡單與容易。沒有平臺的基礎、沒有線上經營的經驗、沒有想清楚經營的模式，線上轉型很難在短期間內看到具體的效果。所以簡單的說，要從來沒有做過線上經營的實體企業在短時間內改變為以線上為核心的經營企業，基本上一種是站著說話不腰疼的說法，甚至可能造成無謂的現金浪費。

很多時候在這個階段沒有把握的投資或是投入都會消耗現金流，因此企業需要在這個階段避免急病亂投醫的行為。

那麼中小型企業或是小微企業到底該如何在這個階段創造積極的現金流入呢？

在我們往下探討前，企業務必先做一個自我的評估，就是那些產品與服務是這個階段可以穩定提供的產品或是服務。很多人不懂為什麼要做這樣的評估？原因也很簡單，在轉型創造的過程最擔心的是需求起來了，但是卻沒有辦法提供穩定的產品或是服務。那麼所有的努力就會變成無意義的浪費。因此對於穩定的產品或服務的評估就變得非常重要了。

在確認產品與服務後，這個階段可以採用下列的12種方式嘗試創造積極營業收入的可能。

一、全員銷售的實施

讓公司的全體員工都扮演銷售的角色。這件事最簡單的作法是讓員工能透過她的朋友圈進行銷售推廣。但是如果希望這件事做的好需要幾個必要的條件：

1. 定期的提供員工可以轉發的優質素材；
2. 提供員工線上經營的指導；
3. 提供員工足夠的促銷動力（激勵政策）；
4. 提供完整的客服與出貨支援。

簡單的說就是把員工銷售的動作「小白化」，讓員工輕鬆簡單的完成行銷的動作。

二、提供超級高的優惠措施

在這個階段提供超級高的優惠措施，只要零售價高於直接成本就可以銷售。微小的折扣在這階段不容易產生好的效果。反而價格破壞能夠較快的產生較佳的效益。

三、發行超值預售卡

如果需要緊急的現金來源，發行超值的預售卡是個不錯的選擇。注意是預售而不是儲值，這兩個概念是不一樣的。另外在預售的時候商品與服務的提領需要分次來進行。這個部分可以減輕成本的壓力並產生快速可用的現金流。

四、尋找可以合作的通路或是管道

快速尋找可以提供銷售機會的通路或是管道，不管是長期的還是臨時的都會有所說明。

五、幫客戶找到更快速消耗服務或產品的方法

透過產品的新用途、新的使用模式與體驗方式的組合說明，使老客戶更快速的消耗服務或是產品。這邊要提醒的部分是，新用途與新方法運用在新客戶或是陌生客戶上的效果比較不容易發揮，原因是對產品的信賴度會影響教育與推廣的成效。

六、透過老客戶轉換為管道商

可以思考將老客戶轉換為推廣管道的方式與做法。因為老客戶會是口碑，教育與轉換的成本較低，也相對比較容易。因此可以嘗試將老客戶轉換為管道商。但和全員行銷類似的部分是：

1. 需要提供這些準管道必要的支援與協助；
2. 提供足夠的激勵措施；
3. 提供簡便的管道銷售模式（零庫存積壓，無需太多投入）；
4. 提供多樣的加盟模式。

七、善用吸客、鎖客、擴客的系列措施

當提供優惠措施的時候需要同時思考吸客、鎖客、擴客的措施。吸客指的是如何讓客戶有興趣嘗試；鎖客指的是如何讓客戶持續的願意來交易而不會跑到競爭對手；擴客指的是讓客戶願意幫你介紹。

八、和其他產品進行搭售
或將自己包在別人產品裡

可以將別人的產品和自己的商品組合形成新的產品。產品的選擇需要注意的是：

1. 高知名度的產品；
2. 產品的目標客戶群一致；
3. 產品的使用沒有排他性、互斥性或是可取代性。

九、聯合相同目標客戶產品與服務進行整合交換與行銷

當兩個不同的產品但是具有相同目標客戶物件的時候，雙方就可以進行產品與服務的整合與客戶的交換和聯合行銷。兩個產品如同前項說明一樣，需要沒有排他性、互斥性與可取代性。

十、發展忠誠客戶的管理體系

這時候可以發展忠誠客戶的管理體系（如果原來沒有的話），這樣的計劃將會有機會刺激客戶的購買使用與穩定使用。

十一、善用遊戲化的機制進行產品推廣

遊戲化是個很好的概念。因為人都是喜歡玩遊戲的，如果能善用遊戲化的措施來進行促銷，將會對銷售產生積極的作用。

十二、製造促銷的藉口或是理由是

為促銷創造藉口。通常這類的藉口可以和節慶有關（情人節、母親節、耶誕節……），也可以和會員有關（會員日），和企業自我慶祝有關（週年慶……）。不論如何，總有一個你可以用的理由。記得在用這樣藉口的時候，組織的預熱很重要。

以上是能夠較快速幫客戶創造現金流的12種方式。

4.05

15招教你學會
高效在家辦公的工作指南！

面對越來越不確定的疫情狀態，企業要兼顧業務的推動與員工的安全，推動員工在家工作成為許多企業最好的選擇。但是在工作不是在家休假。很多人也發現在家工作會遇到很多的問題。最常見的是工作的效率問題，老闆的管理問題，溝通的障礙等等。

在家辦公畢竟不是集中辦公，不管在心態上或是實際的運作模式肯定需要和辦公室有所不同。為了要能夠提升在家辦公的效率，所以以下提供15招提升在家辦公效益的工作指南，希望能有效的解決與提升在家辦公的效益。

一、要用正式的穿著工作

首先不建議你在家辦公就穿的很隨便。如果你穿著很隨便，你的心態就相對的比較不容易進入正式的工作狀態，自然會影響到你的工作效率。所以在家辦公的第一個重要的事情是，就算是在家，當你需要工作的時候就要讓自己的穿著正式一點。這樣會有助於暗示自己進入工作的狀態。心情也會比較慎重。

二、要有規律的工作時間

　　就算是在家辦公，還是希望你可以安排固定的工作時間工作，最好還是和平日上班的時間是一致的。不建議你太隨興地展開工作。這裡面的考慮包含如果每天太遲才開始工作，你就沒有充足的時間工作。譬如你九點四十分才開始工作的話，你會發現一下就快十一點了然後就早早休息。你也必須要考慮你對手的休息時間。和標準的工作時間一致還是最好的選擇。同時要制定固定的休息時間，休息時間沒有到就儘量不要讓自己休息。

三、創造正式的工作環境

　　在家工作的時候最好你還是要能佈置一個相對比較正式的環境。並不是說你一定需要一個獨立的工作空間。而是指你需要一個正式的工作環境，比如說就像一個標準的辦公場面，越清爽越好。而不是將筆記本、書、筆、番茄醬、湯碗或麵包散落在桌面的每個角落。應該就要像是個正式的辦公桌，不斷提醒你「我在工作中」。切記千萬不要邊看電視邊工作。

四、設定好每日工作目標

　　每天在家辦公的第一件事一定是先設定好今天的目標。不管有多少的臨時性工作會插進來，每天預設好當日的工作

目標還是重要的。讓今天必須要完成的事情能夠用文字化的方式呈現出來。設定好目標以後讓自己默念幾次目標，讓這個目標形成你內心也認同的目標。

五、讓工作進度隨時可見

設定好目標以後你需要做的第一件事情除了將你的目標明確化之外，讓你今天的工作進度可以隨時可見是重要的。人的內心很奇怪，當你的目標明確、工作進度隨時可見以後，不知不覺會共更努力往完成目標邁進。

六、要尋求可以不被干擾

因為現在大家太習慣用Line了，動不動就Line一下。結果導致了Line是拖累工作進度的因素。很多時候一個可快速討論的內容透過Line，很有可能討論了一個早上都未必有結果。因此在遠端辦公的時候，你需要做好兩個關鍵的思考：第一步，簡單的議題即刻線上討論，這裡指的線上討論不是用文字的方式，而是直接語音溝通。第二個簡單的步驟，和你團隊討論一個固定的會議時間，絕對不要想到甚麼就立刻開會。要避免同事養成隨時線上問你的壞習慣。

七、善用視頻或電話會議

有些時候用視訊會議還是有很多好處的，因為要被大家

看到，視頻前穿著會比較正式。這個部分有助於建立良好的居家辦公心態。另外如前所述，視頻或是電話的效率肯定高於純用文字的溝通。

八、會議前須要先做提案

由於是遠端的關係，很多東西的現場說明未必說的清楚。因此建議在會議前要做好準備，也就是會議前須要將相關的議題以檔案的方式提供給參與會議方。儘量避免讓會議的參與者到線上現場才知道討論內容，一件事情的討論如果參與者作了準備，就會讓討論更有效率。

九、小事情直接電話溝通

簡單的事情就快速的用語音或是電話溝通不需要拖。也不要浪費太多的時間在Line上用文字討論。

十、通報彼此的工作進度

建議在家辦公期間，每天在群裡面可以彼此通報一下彼此的工作進度，而且最好每天可以有1～3次。因為彼此通報了你會發現大家的投入會更積極些，參與度更高。畢竟每個人都希望贏。

十一、要控制群或是討論人數

　　記得一件事情，工作群內的人數不要太多，上線開電話會議的人數也不要太多。人數越多，員工會覺得個人責任越模糊，同時討論起來也更沒有效率。因此控制群或討論的人數一方面較容易聚焦，一方面也會有助於更充分的討論。

十二、遊戲化的工作管理模式

　　有些時候更有趣的小競賽，比如說突然的比速度、比數量、比創作等等，都會有助於工作的投入與熱情。

十三、線上的大會與小會可以同時進行

　　在進行線上會議的時候，有些時候大會與小會可以同時進行，一方面在大群中討論著，另外一方面和其中的部分夥伴交換意見，會者鼓勵發言都會有助於會議的進行。

十四、沒有需要讓每個人知道的事情就私聊

　　關於線上的討論還有一個需要注意的重點就是，沒有必要讓大家都知道的事情就用一對一的私聊，不需要把很多個人的訊息放在群內公開討論。要注意談話物件的感受，也切記不要在線上談話的時候，對不在線上的第三人做出批評。

十五、主管要適時在群內總結與讚美

　　遠端辦公在討論的時候主管一定要每天發言與出現,同時在群內要習慣扮演總結與讚美的角色。在討論的時候要鼓勵其他人多發言。當然主管在群內也不能表現得太積極,反而要鼓勵其他人多發言,主管只要肯定與讚美即可。在群內的討論如果主管太活潑或是強勢,群的熱度肯定會降低。

　　掌握了這15招在家辦公的技巧,你會發現在家工作的效益不一定比辦公室低。

4.06
面對新冠病毒關於企業人力支出縮減的關鍵思考與方法

2月8日北京的K歌之王宣布與全體員工解除勞動合同！接下來還會有更多的企業面臨生存危機而進行人員的縮編。

我的企業到底要不要裁員？這是我這兩天和很多的企業主討論最多的話題。很多老闆因為在這個階段面對了生存的危機而在面臨裁員的選擇。但是到底該不該裁員、如何裁員，是這個階段需要去討論的議題。

通常上在處理降低人力支出的手段主要有四種：

1. 減薪；
2. 發放基本工資；
3. 無薪假；
4. 裁員。

在思考這個問題的時候最前端有三個議題分別是手上還有多少現金，這場危機會持續多久，員工是否能有妥善的工作安排。從管理的角度來說裁員是最後的選擇。但是當企業自己都可能無法存活的時候裁員就是不得不面對的問題。

一般來說，企業需要維持手上的現金能夠存活三個月以上的時間。而且過完了這個月仍然必須要讓手上的現金還夠三個月。因此除非企業能有營收，不然這就代表著企業手上的現金支出是必須處於遞減的狀態。如果手上的現金不足，

或是無法找到其他的收入來源，基本上人力的縮減就可能成為必要的動作。

當然除了現金的狀況以外還要考慮的是這場危機的持續時間會是多久。如果這場危機是短期的（預判從現況到回復60%以上的水準，如果是在三個月以內），則人力的狀況建議最好是盡量的維持。因為砍了人再招聘是需要時間的，磨合也是需要時間的。而且如果太快縮減人力也會對團隊（留下來的人）造成影響。如果太快的拋棄員工會讓員工覺得企業是沒有社會責任感的。

但是如果預判這次的危機是中長期的（從現況到回復60%以上的水準，可能需要六個月甚至更長的時間），則更快速的緊縮人力支出則是必要的關鍵動作。畢竟企業的存活才是唯一的關鍵，如果企業無法存活那麼談社會責任也是沒有意義的。

最後一個要考慮的議題就是員工是否能有妥善安排的工作？先不管員工能否上班，重點是這個階段員工是否有足夠的工作去做？如果員工有有價值的工作去執行，則想盡辦法要維持員工的收入。如果員工不能在這個階段有有價值的工作去執行，那麼縮緊人力就有可能成為重要的選擇。

接下來我們談一下人力支出的縮減部分。縮減人力是最後的手段。在那之前可以先思考的第一種方法是減薪，就減薪的幅度而言是採用倒金字塔的方式進行減薪，越高層的人力減幅相對需要增大。大致的幅度原則上以20%～50%為宜（當然不排除高階管理層可以有更多減幅）。用減薪來解決現金支出的方式是種較好的做法。一方面降低現金的支出，

一方面宣示公司與同仁同舟共濟的決心。一般來說，這個階段的施行容易得到員工的支持也較為容易。當然除了減薪以外，相似的做法是減薪的部分以實物替代。當然最好是替代的實物有真實運用價值的。

如果減薪還不足以支應現金的需求，下個階段必須實施的就是只發放法律規定的基本工資。這個部分對現金支出會產生一定的節約效果。

如果發放基本工資都還不能解決現金的問題就必須實施是無薪假。從法律上來說並沒有無薪假的說法，但是這個部分是有機會和員工協商的。相對裁員，無薪假起碼保留了員工的保險身分和年資。對員工而言將來恢復的速度也會快許多。但是通常因為是「假」，所以有些時候就不會安排員工的工作。

事實上對於這個階段無法上班，或是就算上班仍無法安排正常的工作，則可以更早的施行無薪假或是只發放基本工資。

最後一個談的是縮減人力的方式。像K歌之王這樣全部解除勞動合同的通常是已經到了最壞的地步了，也代表企業體質的脆弱。但是如果企業還期望著在景氣回復時能快速的回復到正常的運營狀態，則縮減人力的部分則可以採用分批、分階段的方式來進行。

一般可以按照以下的順序進行縮編的動作：

1. 容易替代人力；
2. 事務性的人力；
3. 專業性的人力；

4. 管理性的人力；

5. 核心性的人力；

6. 策略性的人力。

	預判短期衝擊	預判中長期衝擊
手中現金超過三個月	能安排工作 基本工資　維持薪資 不能安排工作	能安排工作 維持薪資 不能安排工作
手中現金不足三個月	能安排工作 進行減薪 基本工資 放無薪假 不能安排工作	能安排工作 進行減薪 基本工資 執行裁員 執行裁員　放無薪假 不能安排工作

　　人是企業的價值也是關鍵資源，這個階段對人力的維持也是企業的社會責任。當企業面臨經營的壓力不得不面對人力的檢討時候，每個動作與思考都必須非常的謹慎，才能在這個階段留下最佳的經營的機會。

　　至於你問我這次的危機到底是短期還是中期的危機？我個人覺得對中期業績的影響肯定是存在的，但是真正對企業的衝擊卻應該只是短期。國家也不會放任危機蔓延到三個月以上，否則將會嚴重打擊國家的經濟體系。你說呢？

4.07
團隊領導者應對危機
快速重建團隊運作的15個動作

　　不管你願意或是不願意，這個階段你都必須接受團隊四散的結果。不過這也正是考驗優秀團隊領導者的最佳時機。優秀的團隊領導者會在這個危機的當口不斷的去思考如何帶領團隊度過這次危機。許多管理團隊領導者只會陷入混亂焦慮與不安當中，放任團隊的發展或者是被動的應對。

　　那麼優秀的團隊領導者在這個階段該做哪些事呢？

　　要思考這個階段的動作之前，其實應該要先想一下哪那些人是我們需要關心的或是取得共識的。

　　這裡面有三個對象，一個是你的主管，一個是你的員工，一個是你的客戶。其實這三種人在這個階段也都必須要面對各自的壓力與困難。

　　對老闆而言，這簡直就是一場災難。他必須要擔心的是客戶的問題、資金的問題、經營的問題。而對員工而言，現階段的焦慮不安往往讓他的壓力不斷的增加。員工的焦慮來自於不確定的未來，不知道疫情會有多嚴重，不知道接下來該做些什麼，不確定公司會不會出狀況，不確定自己的健康會不會受到影響還有收入與家庭支出的壓力。而你的客戶這時也很有可能陷入了混亂與不安當中。

　　這個時候優秀的團隊領導者就會從這三個對象開始進行工作的投入，最後還要展開應對的策略思考：

1. 和老闆取得共識；
2. 和團隊取得信心；
3. 和客戶取得支持。

首先團隊的領導者需要和老闆取得一致，或者說爭取取得一致。

首先，透過和老闆的溝通瞭解公司的現況，也知道公司是否針對現況已經有了準備的計劃。瞭解這個階段公司的應對措施，與還有哪些資源、多少資源可以用。對很大一部分的老闆來說現在可能是非常焦慮的。主要在於營業前景的不明確。如果你老闆現在非常的焦慮那麼你就應該給他一些關於現況的建議。主要的內容可以著重在現金流的節約（把非必要性的現金支出全部刪減並爭取各種補助）、客戶的應對（提供客戶關心和配套的作業措施）和人員的管理（在健康安全保障的前提下推動工作的有序前進）等三個方面。

但是如果你的老闆由於過度的緊張想要快速的縮減人力，你務必要和他謹慎的溝通，有些時候要站在老闆的角度出發。但是也要防止老闆做出衝動性的決定。

簡單的說，和老闆的溝通包含這四件事：
1. 掌握公司現況；
2. 瞭解公司策略；
3. 爭取公司支持；
4. 建立發展共識。

清楚知道公司現況以後，你需要做的第二件事情是和你的團隊溝通。這個時候整個團隊由於訊息的不夠清楚，其實每個人也都是很焦慮。或許你知道的也未必比大家多多少，但是這個階段資訊的流通與透明是很重要的。管理者需要把訊息儘量的即時告訴你的團隊成員。同時對團隊成員的問題儘量的予以回應。當然會有你不知道的訊息，不知道的就直接承認不知道，無須隱瞞。坦白的溝通是和團隊建立信任與互動的基礎。

　　另外你還需要做的事情是開始安排每個成員的工作。簡單的說不管有沒有事情，都需要安排事情。當每個人都被分配到清楚任務，你的團隊就可以開始上軌道了。

　　然後接下來的就是定期的和你的團隊交流工作的訊息與公司的訊息。和團隊夥伴的溝通包含了下列內容：

1. 掌握員工的訊息與狀態；
2. 評估損害影響營運的程度；
3. 說明公司現階段的政策；
4. 回應夥伴的問題；
5. 設定成員開展工作的目標；
6. 建立成員互動的模式。

　　在整合完團隊後，你要做的第三件事情是和你的客戶互動。不管短期間內能不能恢復業務的狀態，展現你對客戶的關心都是必要的態度。另外你需要告訴客戶的是你的公司與團隊的現在狀況，提供給客戶這次危機的對應措施。這個階段你還需要評估的是客戶受影響的程度，業務恢復的狀態等

訊息，以便在客戶需求發生的第一時間就可以快速的回應。
和客戶的互動包含下列：

    1. 關心客戶的現況；

    2. 告知客戶公司的政策；

    3. 評估客戶現在狀態；

    4. 提供客戶必要支援；

    5. 建立訊息聯繫的模式。

    以上的這些都只是在危機應對的初期，團隊領導者需要快速重建運作的基本動作。團隊的領導者需要在最短的時間內完成這些工作，將會有助於維持團隊這個階段的運作。

    一個優秀的團隊領導者在危機中需要有更高的敏銳度來讓團隊做好準備，需要有更明確的方向來讓團隊產生信心，要有更大的活力讓團隊動起來，要有堅定的信念來支持團隊的前進。這樣的領導者將能帶領團隊度過這次的危機

4.08
零售店面行業
如何面對新冠病毒的衝擊？

　　新冠病毒的蔓延對於零售店面來說是個沉重的打擊。店開不了了，就算是店能開，目前商品的進貨也有難度。就算店開了貨進了，關鍵是客人沒有了。你很難想像在這個節骨眼上還有人有心情去零售店面買非生活必須品的。

　　眼看著零售店面一年之中最重要的時機點情人節的商機看起來就會這樣白白的浪費掉，最近聯絡上的幾個開零售店面的老闆每個都是坐困愁城呀，不知道接下來的路該怎麼走！

　　其實最危機的時代也是最有轉機的時代。的確現在的生意基本上是做不了了，但是除非你不想開零售店面，否則現在就是零售店面最好的轉變時間點。

　　有幾個建議現在可以給開零售店面的老闆們。

一、不能產生正向現金不如暫時不營業

　　或許你的店面目前還能營業，但是在這個階段如果零售店面開著卻沒有客流那倒不如先不營業，每天的開店都是成本，都是現金的支出。在人心惶惶的時候除非你有足夠的人流，不然的話與其每天進貨卻白白的損耗，在店內枯等人上門，先暫時停業可能是一個相對比較佳的決策。這個階段

儘量的把現金留在手上是很重要的。能夠儘量節約就儘量節約。

二、店面不能營業但是人情不能斷

　　店面雖然不能營業了，但是不代表你什麼事情都做不了。這個時候最重要的是人情不能斷。雖以在朋友圈中對老客戶噓寒問暖的問候是很重要的事情。每天要花足夠的時間在老客戶關懷上。尤其因為這段時間本身所有的問候都不會是因為利益的，反而能更凸顯彼此交情與真誠。可以多轉些生活上的、實用的訊息給你的客戶。運用好這段時間反而會讓你更有機會打好和客戶的關係。

三、做好線上轉型的準備

　　未來商業復蘇，如果沒有意外，電商應該是復蘇最快與最好的行業了。所以對零售店面的老闆而言，或許現在做好轉型電商的準備正是最好的契機。過去幾年中零售店面常常說要轉型電商，但是卻很少有實際成功的案例。甚至連怎麼轉都未必清晰。

　　簡單的說，零售店面的電商轉型絕對不是單純的思考線上鮮花的銷售。零售店面的電商轉型應該要朝向以消費者定位為核心的生活複合型態。簡單的說，就是去思考有哪些對主營品項有持續性需求的消費者，在生活中還有哪些的需求可以滿足他對高品質生活的期待？而零售店面在這個階段的

準備便是找好一個恰當的平臺，快速的搭建自己的零售店面線上門市，同時開始做好線上經營的基礎工作。

線上經營的基礎工作有哪些呢？通常包含了平臺的選擇、註冊、開通、選品、上線、推廣等幾個工作。與其在家閒置，不如趕快的做好準備。這樣就有機會早一天回復到營業的收入。

四、做好復店時的行銷準備

同時還要做好的是關於復店以後的行銷準備。給各位零售店面老闆一些建議，在復店以後可以設立幾個主題專區或是產品包給你的客戶。通常選擇的產品可以是和健康、清新有關的產品或是配套產品。把健康拉成主軸肯定沒有壞處。通時在回復營業的第一時間你就需要讓老客戶們都知道，同時也可以提供老客戶們一些產品的優惠訊息。

五、不斷學習讓自己更厲害

在停業的這段時間，零售店面老闆們千萬也不要讓自己停下來，難得有段時間可以好好的學習，所以各位一定要花點間時在學習上。每天不要因為沒有出門就隨便的穿著。一定要把自己打扮的和上班一樣，穿得整整齊齊漂漂亮亮的。心情決定一切，要有好的心情然後不斷的讓自己成長。對零售店面老闆來說，除了商品知識與算帳外，店面的經營管理、財務知識、促銷技巧、客戶服務、客戶經營、電商經營

都是可以在這個階段學習的重心。

六、爭取必要的補助與支持

在整個疫情結束以後，後續政府一定會針對像零售店面這樣的小微企業提供很多的扶持措施。所以隨時掌握新的訊息爭取政府的支援非常重要。

以上就是我針對零售店面行業的老闆們如何面對這次新冠病毒的衝擊所給的建議，希望對各位是有幫助的。有關於經營上的問題，也請隨時讓我們知道，我們非常樂意分享。

後記

　　「我做為新人什麼都不服？——沒有吧，衝突是有，但是什麼都不服，瞎說了吧？」
　　「你忘了？」
　　「我明明一直是很仰慕你的，我記得。」
　　「人都只會記得好的。」
　　討論持續中……

國家圖書館出版品預行編目資料

混職場你不用裝孫子／呂子杰著. --初版.--臺中
市：白象文化，2020.8
　　面；　公分
ISBN 978-986-5526-11-5（平裝）
1.職場成功法
494.35　　　　　　　　　　109004311

混職場你不用裝孫子

作　　　者	呂子杰
校　　　對	呂子杰
專案主編	黃麗穎
出版編印	吳適意、林榮威、林孟侃、陳逸儒、黃麗穎
設計創意	張禮南、何佳誼
經銷推廣	李莉吟、莊博亞、劉育姍、李如玉
經紀企劃	張輝潭、洪怡欣、徐錦淳、黃姿虹
營運管理	林金郎、曾千熏
發 行 人	張輝潭
出版發行	白象文化事業有限公司

　　　　　　412台中市大里區科技路1號8樓之2（台中軟體園區）
　　　　　　出版專線：（04）2496-5995　　傳真：（04）2496-9901
　　　　　　401台中市東區和平街228巷44號（經銷部）
　　　　　　購書專線：（04）2220-8589　　傳真：（04）2220-8505

印　　　刷	基盛印刷工場
初版一刷	2020年8月
定　　　價	320元

白象文化　印書小舖 PressStore出版發行　出版・經銷・宣傳・設計
www·ElephantWhite·com·tw　f 自費出版的領導者　購書 白象文化生活館 Q